QUATRIÈME ÉDITION

AF467725

LE FOND DE LA MER

PAR

LÉON RENARD

BIBLIOTHÉCAIRE DU DÉPÔT DES CARTES ET PLANS
DE LA MARINE

BIBLIOTHÈQUE
D'ÉDUCATION ET DE RÉCRÉATION
J. HETZEL ET Cie, 18, RUE JACOB
PARIS

Tous droits de traduction et de reproduction

LE FOND

DE LA MER

3337 — PARIS, IMPRIMERIE LALOUX FILS ET GUILLOT
7, rue des Canettes, 7

LE FOND
DE LA MER

BIBLIOTHÈQUE NATIONALE
R.F.
IMPRIMÉS

PAR

LÉON RENARD

BIBLIOTHÉCAIRE DU DÉPÔT DES CARTES ET PLANS DE LA MARINE

QUATRIÈME ÉDITION

2118.

BIBLIOTHÈQUE
D'ÉDUCATION ET DE RÉCRÉATION
J. HETZEL ET Cie, 18, RUE JACOB
PARIS

Tous droits de traduction et reproduction réservés.

A mon Oncle M. A. COLLIN

TÉMOIGNAGE DE PROFONDE AFFECTION

L. R.

I

LE DOMAINE DES EAUX BLEUES

L'Océan et la Terre. — Modifications géologiques. — Volcans. — Alluvions. — Atterrissements. — Les auxiliaires du Créateur : Foraminifères et Polypiers. — Le Fond des mers est-il peuplé?

LE
FOND DE LA MER

LE DOMAINE DES EAUX BLEUES

I

« Qui pénétrera les mystères de l'Océan? » Depuis l'époque lointaine où Salomon posait cette question dans son livre de *la Sagesse*, les siècles se sont succédé, chacun apportant sa pierre à l'édifice scientifique, et sans doute, en songeant aux merveilleux efforts de l'homme pour éclairer l'obscurité qui l'entoure, pourrait-on croire qu'il a enfin trouvé la lumière. Il n'en est rien, quant à l'Océan du moins, et si l'on en sait un peu plus sur le père de la Terre qu'au temps du roi prophète, on ne saurait affirmer qu'on en sache beaucoup plus. Comment pourrait-on, d'ailleurs, écrire l'histoire de la coupe immense qui contient la masse effroyable des eaux? c'est à peine si nous connaissons celle de l'écorce que nous foulons. L'œuvre géologique est trop loin de nous, et tout ce que l'on peut affirmer, c'est qu'à diverses reprises les eaux ont envahi les continents qu'elles avaient enfantés. Plusieurs fois l'Océan a reconquis son ancienne place sur la mère des hommes; plusieurs fois aussi celle-ci l'en a chassé. Dans cette guerre acharnée, des provinces entières ont disparu; mais d'autres sont sorties de l'œuf de feu où, d'après quelques savants, est le germe de toutes les choses terrestres, et la Terre a de nouveau enchaîné à ses pieds les flots impuissants. Formidables batailles qui laissent loin derrière elles les petites querelles avec lesquelles les hommes font leurs poëmes nationaux.

Tout s'apaise avec le temps. La lutte est aujourd'hui moins ardente, mais la haine entre les deux éléments contenus mais non fatigués est toujours vivante dans leurs entrailles. La Terre n'a point éteint ses volcans, et l'Océan a toujours ses trombes et ses ras de marée. « Ces énergies incommensurables rendent possibles tous les cataclysmes », dit Victor Hugo.

« Les roches (c'est Otto Volger qui le constate), les montagnes, les masses continentales sont dans un perpétuel changement et tournent autour du globe comme les eaux et les airs. Sous l'action des torrents et des agents atmosphériques, les monts sont nivelés et portés dans l'Océan; la Terre se fend et laisse échapper au dehors les gaz et les matières fondues des couches profondes; enfin, par suite des incessantes réactions chimiques de l'intérieur de la Terre, les roches elles-mêmes changent de composition, et les végétations de cristaux se succèdent dans la pierre comme les faunes et les flores sur le sol. »

On ne saurait conclure aussi nettement lorsqu'il s'agit de l'Océan, car il se prête difficilement aux observations. Mais aux plages dont il est chassé ou qu'il envahit, aux récifs et aux îles qui émergent de son sein, y demeurent comme le lotus des légendes hindoues ou bien y rentrent à tout jamais, on voit qu'il n'échappe pas aux révolutions lentes ou rapides qui frappent nos regards dans nos plaines ou sur nos montagnes. Lui aussi est travaillé sourdement, et les violents mouvements des flots et leurs bruits ne sont pas toujours les effets des vents capricieux qui pèsent sur lui de tout leur poids.

Il est hors de doute aujourd'hui que sur plus d'un point de ses côtes il s'opère des soulèvements remarquables. On peut citer comme exemple ceux de la Scandinavie et du Groënland. Les débris de vaisseaux fabriqués avant l'introduction du fer qu'on a recueillis aux environs de Stockholm, parmi des fossiles appartenant aux mêmes espèces que celles qui habitent aujourd'hui les eaux de la Baltique, sont des preuves irrécusables de cette élévation, qui, sur certains points, atteint un mètre et demi en cent ans. Une portion considérable des lits de la mer du Nord et de la mer Baltique s'est donc élevée verticalement dans le cours des derniers siècles et s'est transformée en terre ferme. Le changement de climat dans ces contrées est attribué à cet exhaussement, qui a probablement détourné le Gulf-Stream de son cours primitif. Les glaces du pôle Nord se sont avancées vers le sud, et la côte est du Groënland, qui était autrefois habitée par une colonie danoise, est devenue inaccessible.

On remarque ailleurs des modifications analogues dont les causes sont autres. Ainsi, il existe autour du Pacifique, qui est le réservoir principal des eaux de la Terre, une série de montagnes ignivomes qui s'étendent sur une ligne d'environ 35,000 kilomètres. Cet anneau de feu donne aux côtes qu'il avoisine une agitation extrêmement sensible. L'Océan comme la Terre recèle en outre des volcans dont les scories accumulées ont formé et forment encore des îles : celles-ci sont très-nombreuses. Les unes possèdent toujours le cratère qui les a formées; chez les autres il est éteint, ou paraît l'être. Enfin tel îlot auquel une éruption avait donné naissance a subitement disparu, ne laissant souvent d'autre trace qu'un écueil. C'est ainsi qu'on trouve dans les Instructions nautiques une quantité de dangers que certains navigateurs affirment avoir relevés tandis que les autres en nient absolument l'existence. Ces *vigies*, ainsi qu on les nomme, n'ont évidemment pas d'autre origine que les éruptions qui ont produit (pour prendre un exemple entre mille) l'île Georges dans la baie de Santorin, en février 1866.

Il se manifeste sur les fonds voisins des rivages des mouvements non moins appréciables. Les uns sont dus aux atterrissements qui se forment à l'embouchure de toutes les rivières par suite des érosions provoquées par l'action des lames sur les roches bordant les côtes. Les débris de ces roches, après avoir été délayés par la mer, s'agglutinent pour former de nouvelles roches sur d'autres rivages, ou bien vont encombrer, sous forme de sables et de galets, des portions du lit de la mer qui sont exhaussées par cet apport continu. Les côtes de la Manche et de la mer du Nord nous offrent un exemple saillant de ces modifications.

Pour ne citer qu'un fait, nous rappellerons que, dans un passé très-voisin de nous, longtemps après la conquête de la Gaule par César, les côtes de Bretagne s'étendaient beaucoup plus au nord et celles du Cotentin beaucoup plus à l'ouest qu'aujourd'hui. La baie du Mont-Saint-Michel, le plateau des Minquiers, Chausey et très-vraisemblablement Jersey, faisaient partie d'une vaste forêt appelée Koquelonde au sud, et Sassy à partir de Granville jusqu'à la pointe de la Hogue. « Deux voies romaines, l'une allant de Cherbourg à Rennes et l'autre d'Avranches à Corseult (Curiosolites), traversaient le territoire qui est devenu la baie du Mont-Saint-Michel. C'est en 709, pendant que les moines, dont le monastère était récemment fondé, étaient allés chercher des reliques au mont Gargan, que la mer envahit la forêt et sépara le Mont-Saint-Michel du continent : tous les manuscrits de cette abbaye l'attestent. — L'abbé Le Franc, l'abbé Manet, historien de Jersey, soutiennent que Jersey tenait au temps de César à la terre ferme, ou n'en était séparé que par un bras de mer très-étroit. On cite la famille Bonissent comme devant fournir la planche ou la nacelle sur laquelle l'évêque de Coutances devait passer pour aller visiter les fidèles de son diocèse habitant Jersey. La tradition est, sur ce dernier point, d'accord avec les historiens, et on la trouve aussi bien dans les îles que sur le littoral cotentinais. Il n'est pas un habitant qui ignore cette tradition (1). »

Les alluvions transportées à la mer par les fleuves donnent également lieu à des changements considérables dans la configuration et l'étendue des rivages. Qui ne sait que les dépôts du Rhin, de l'Escaut et de la Meuse ont formé le sol de la Hollande ? Une partie du Bengale est due aux alluvions du Gange,

(1) Communication faite par M. Quénault à l'*Association scientifique*, session de Cherbourg.

qui, d'après Rennell, ne roule pas moins de 4 à 5 mètres cubes de limon par seconde. Celles du Mississipi, de l'Amazone, comblent en peu de temps des espaces considérables du domaine maritime. D'après sir G. Stauton, il suffira de vingt-quatre mille années au fleuve Hoang pour envaser la mer Jaune.

Dans la Méditerranée les changements sont moins étendus qu'à l'embouchure de ces grands cours d'eau, mais ils sont plus sensibles, en raison des dimensions restreintes du bassin où ils se produisent et de l'absence des courants de marée. On peut y suivre pas à pas les progrès des atterrissements formés par les matériaux que les rivières transportent. Ainsi que l'ont établi les recherches de l'ingénieur Lombardini, le Pô apporte annuellement 42,760,000 mètres cubes de limon, soit $1^{m}.36$ par seconde, et prolonge le littoral de son delta de 70 mètres par année. Il en résulte que, dit Élisée Reclus (1), Ravenne, qui jadis, comme une autre Venise, était bâtie au milieu des lagunes, et dont l'Adriatique baignait les murailles antérieures, est aujourd'hui située loin du golfe, dans une plaine. Le delta du Nil s'est avancé de 2,000 mètres environ depuis le commencement de l'ère chrétienne, et l'on a calculé que la surface de la Basse-Égypte avait dû s'élever de plus de 2 mètres par suite des inondations du fleuve.

(1) *La Terre.*

« Les alluvions du Rhône, à la suite de travaux d'endiguement qui ont fait écouler toutes les eaux du fleuve par une même embouchure, dit un hydrographe français, M. Boutroux, ont comblé, près de la côte, dans ces vingt dernières années, des profondeurs de 30 mètres. » Les atterrissements de l'Arno et du Tibre sont également considérables, eu égard au faible débit de ces rivières. Des documents certains portent à $2^{m}.06$ par an, en moyenne, l'avancement de la côte à l'embouchure du Tibre; il s'est élevé à 4 mètres dans les siècles derniers. Des plaines fertiles s'étendent sur des emplacements que la mer couvrait jadis de ses eaux.

Ce qu'apportent dans leurs ondes ces fleuves, que Carl Ritter a si bien qualifiés de *travailleurs*, ces alluvions, ainsi que les débris qui résultent de l'érosion des rivages, se retrouvent quelquefois très-loin au large; tous ces matériaux sont disposés à partir de la côte par ordre de densité et de volumes décroissants, les galets d'abord, ensuite le gravier, puis le sable de plus en plus fin, et en dernier lieu la vase.

Loin, très-loin des côtes, là où les apports alluvionnaires, où les volcans ne sauraient avoir d'action sur l'exhaussement du sol, d'autres agents travail lent non pas seulement à élever l'écorce terrestre, mais aussi à étendre dans des proportions considérables le domaine de l'homme : tels sont les *foraminifères* et les *polypiers*.

Les *foraminifères* sont des animaux de très-petite taille, souvent microscopiques, et dont le corps est protégé par une enveloppe presque toujours calcaire, rarement siliceuse. Le sable du littoral des mers est tellement rempli de rhizopodes qu'il s'en montre quelquefois à moitié composé. Plancus en a compté 6,000 dans une once de sable de l'Adriatique, et Alcide d'Orbigny en a trouvé jusqu'à 480,000 par 3 grammes de sable choisi des Antilles, ou 3,840,000 dans une once. Ces proportions, multipliées dans un mètre cube, dépassent toutes les prévisions humaines et grossissent tellement le nombre des chiffres qu'on a de la peine à le saisir ; mais que sera-ce, pour peu qu'on l'étende à l'immensité de la surface des côtes maritimes du globe? « Les restes des foraminifères forment en grande partie, dit le naturaliste que nous venons de citer, des bancs qui gênent la navigation, obstruent les golfes et les détroits, comblent les ports (nous en avons la preuve par celui d'Alexandrie), et forment, avec les coraux, ces îles qui surgissent tous les jours au sein des régions chaudes du Grand-Océan (1). »

(1) *Lagouns* ou *atolls*, *récifs côtiers* ou *récifs frangés* et *récifs barrières*.

Les polypiers doivent leur remarquable faculté créatrice à leur étonnante organisation. On sait que, souvent agrégés et soudés en partie ou vivant d'une vie commune, la nourriture prise par chaque tête distincte profite à toutes les autres. Ils sécrètent à leur base une substance calcaire qui finit par former une sorte d'axe sur lequel ils sont tous étalés.

En abandonnant leurs dépouilles, ces derniers ne forment pas des bancs aussi puissants, aussi étendus et aussi nombreux que ceux qui sont dus à l'accumulation des débris de foraminifères. Ils occupent une aire moins vaste que ces animaux, et, au lieu de vivre comme eux sous toutes les latitudes, depuis les pôles jusqu'à l'équateur, ils deviennent de moins en moins abondants à mesure que l'on s'éloigne de la zone intertropicale. Enfin, ils ne se développent qu'à une faible distance de la surface des eaux, tandis que, s'il faut en croire quelques savants, les foraminifères vivraient à toutes les profondeurs.

La résistance de l'œuvre des polypiers dans le milieu destructeur où ils agissent n'est pas moins extraordinaire que leur fécondité, leur mode de croissance et de propagation. On peut l'admirer surtout dans le Pacifique. Ici, en dépit de son nom, l'Océan n'est jamais en repos, par suite de l'influence qu'exercent sur sa masse les vents alizés. Il en résulte un tourbillonnement perpétuel de l'eau sur les écueils coralliens, qui, d'après l'affirmation de Darwin, ne sauraient résister à une telle puissance de désagrégation, si ces brisants étaient simplement des roches de granite ou de quartz. La lourde et violente houle les entame parfois, mais des myriades d'architectes se mettent à l'ouvrage, jour et nuit travaillent à réparer le désastre, et bientôt une digue, plus solide cette fois, s'élève, « digue contre laquelle, dit l'illustre géologue, ni l'industrie de l'homme, ni la partie inanimée de la nature ne pourront lutter désormais ! »

Ces créations ne frappent pas seulement par l'ordre divin qui y préside; elles sont aussi charmantes à voir. Le capitaine Flinders, dans son *Voyage aux Terres australes,* donne une description des roches de corail qu'il découvrit sur la côte méridionale de l'Australie. Il débarqua sur l'un de ces rochers, qui était baigné par une eau très-claire. « Le sol que l'on apercevait à travers le cristal de ces eaux transparentes, dit-il, avait l'aspect d'un parterre émaillé de fleurs. Des coquillages de toutes espèces offraient aux regards les nuances les plus vives et les plus variées de vert, de rouge, de jaune, de brun et de blanc, surpassant en éclat les planches de tulipes cultivées en Hollande. Les formes du corail, des coquillages et des fungus n'étaient pas moins variées que leurs teintes : c'était un véritable bouquet sous-marin. »

Aussitôt que le sommet du récif est à fleur d'eau et qu'il reste à sec à marée basse, les polypes cessent d'élever leur construction; mais le rocher ne tarde pas à être recouvert d'une couche épaisse de débris de coquillages et de corail, qui, bientôt calcinés par la chaleur du soleil et réunis par le sable calcaire introduit dans leurs interstices, forment une masse solide assez élevée pour n'être submergée que dans les plus hautes marées. De nouveaux débris accroissent la hauteur du récif; les restes d'animaux marins mêlés au sable qui s'amoncelle constituent une espèce de sol où les semences apportées par les flots ou par le vent prennent racine et couvrent de verdure la surface blanche et polie du rocher. Des troncs d'arbres, entraînés par les rivières qui découlent des îles ou des continents, terminent leurs longs voyages sur cette plage déserte, apportant de petits animaux, tels que des lézards ou des insectes, qui deviennent les premiers habitants de ces îles. Les oiseaux de mer, attirés par l'ombrage des arbrisseaux, y construisent leurs nids, et l'oiseau voyageur égaré dans sa route vient y chercher un asile. Lorsque le sol s'est enrichi des dépouilles végétales des plantes et des arbres, et que l'œuvre de la nature est parvenue à sa perfection, l'homme se présente, construit sa hutte et prend en maître possession de ce nouveau monde.

Une des régions les plus dignes d'examen sous ce rapport est le vaste archipel des Maldives, la plus étonnante peut-être de ces prodigieuses fabriques coralligènes. Le voyageur musulman Batuta, qui les visita au XIIIe siècle et leur donna le nom de Zobyt-el-Mahal, les signala comme des merveilles du monde. Il en compte près de 2,000, dont 100 disposées de front, se touchant comme les graines d'un collier. Deux autres voyageurs musulmans, qui allèrent en Chine au IXe siècle, en portent le nombre à 1,900, Marco Polo à 12,700, et Linschoten à 11,000. Le célèbre Davis les aperçut à son tour en 1598 ; il lui fut impossible de les compter, mais on lui dit qu'il y en avait 11,000. Pyrard de Laval, qui fit naufrage sur cet archipel en 1602 et y resta cinq ans prisonnier, dit qu'il avait pour souverain un sultan nommé Ibrahim qui se proclamait soudan des Treize-Provinces et des Douze-Mille-Iles. James Horsburgh, dans ses *Instructions nautiques*, dit à son tour que les Maldives forment une suite *innombrable* d'îles, dont quelques-unes, les grandes, sont couvertes de cocotiers. Leurs habitants, comme s'ils avaient à cœur de se montrer dignes des laborieux petits architectes de qui ils tiennent leur propriété, diffèrent beaucoup des populations barbares qui les entourent. Le capitaine anglais Moresby, dont les travaux font autorité dans le monde des marins, appuie sur ce point. « Ils forment, dit-il, un peuple civilisé, habile dans l'art de la navigation, et qui fait un commerce considérable. On trouve dans plusieurs de leurs îles des écoles de navigation; on y prépare fort bien les instruments nautiques. J'ai vu avec beaucoup d'étonnement un sextant en bois qui avait été fabriqué par les insulaires. Ils copient nos tables astronomiques en se servant ordinairement de nos chiffres. C'est un peuple timide et inoffensif : chez lui, les crimes sont beaucoup moins nombreux que chez les nations les plus policées; le meurtre, le vol et l'ivrognerie sont inconnus parmi eux. Les navigateurs peuvent aller à eux en toute confiance. »

A la fin de 1864, une de ces îles a disparu. « Elle a sombré, dit Victor Hugo; elle a coulé à fond comme un navire. Les pêcheurs, partis le matin, n'ont rien retrouvé le soir; à peine ont-ils pu distinguer vaguement leurs villages sous la mer; et, cette fois, ce sont les barques qui ont assisté au naufrage des maisons. »

A ces causes, qui modifient lentement mais sûrement le fond des mers, il faut joindre le mouvement des eaux elles-mêmes. Nous ne parlerons pas des marées, dont l'œuvre est de défaire le lendemain ce qu'elles ont fait la veille; mais les raz de marée (mascarets, prorocas, etc.) contribuent dans des proportions plus considérables à défigurer certains points des côtes. Doit-on assigner un rôle analogue aux courants sous-marins? Les opinions sont partagées sur ce sujet. Tandis que les uns reconnaissent une action à ces rivières invisibles, d'autres nient jusqu'à leur existence. La discussion se continue, car s'il est facile d'étudier les courants de surface, on ne peut encore que supposer un système de circulation sous-marine. L'idée en a été suggérée principalement par les basses températures obtenues dans les couches inférieures des mers tropicales et les températures relativement élevées du fond des mers polaires. On en a conclu qu'il existait un échange permanent entre les eaux profondes des régions glacées et celle des régions chaudes, et on a expliqué ce phénomène par les inégalités de salure dues à l'évaporation si variée qui se manifeste sur les diverses parties de la surface des mers. D'après cette théorie, les eaux superficielles, concentrées par l'active évaporation qui se produit dans les régions équatoriales, et surtout vers les zones où soufflent les vents alizés, tomberaient au fond de la mer, en vertu de leur densité; elles prendraient en même temps un mouvement latéral vers les eaux moins denses, c'est-à-dire vers les pôles, où une évaporation moins active ne donne pas lieu à la même concentration que dans les contrées chaudes, et où les eaux sont encore allégées par la présence d'immenses glaciers.

Maury appuie sa théorie générale des courants sur ce fait que, « si l'on analyse deux échantillons d'eau pris l'un dans l'Atlantique, par exemple, et l'autre dans le Pacifique, on les trouvera d'une composition aussi identique que s'ils provenaient tous deux d'une même bouteille fortement secouée. »

Sans nous éloigner des mers d'Europe, nous trouvons entre elles des différences de densité qui ne permettent pas d'ajouter une trop grande foi aux expériences sur lesquelles Maury fonde son assertion. En représentant l'eau douce par 1,000, l'Océan donne 1,028, la Méditerranée 1,030, l'Adriatique 1,029, la mer Ionienne 1,018, la mer de Marmara 1,013, la mer Noire 1,014, la mer d'Azof 1,012 (1). Ainsi que l'indiquent ces chiffres, la comparaison de Maury n'est pas assez juste pour devenir un argument. Les courants sous-marins existent assurément, mais leur cause réelle ne nous paraît pas encore définie. Au reste, la connaissance de ces courants intéresse peu la navigation; aussi comprendra-t-on qu'ils n'aient été étudiés jusqu'ici que superficiellement. Lors-

(1) La mer Morte est, de toutes les mers, celle qui contient le plus de matière saline. Dans 1,000 kilogrammes de son eau, il y a 267 kilogrammes de sel et de sulfate de magnésie. Cette grande quantité de matières solides lui donne une telle densité, qu'un homme qui s'y tiendrait debout, assure-t-on, et dont les pieds ne toucheraient pas le fond, n'y entrerait pas plus haut que la ceinture. On ajoute que les chevaux ne peuvent pas y nager; aussitôt qu'ils y entrent, ils tournent sur eux-mêmes et flottent à la surface, les pieds en l'air.

Le lac Teltong est encore plus salé que la mer Morte. 1,000 kilogrammes de son eau contiennent 291 kilogrammes de sel pur.

qu'on a cité les observations faites par MM. Irminger et Owen dans l'Atlantique, de MM. Truguet, Aimé, Vincendon-Dumoulin, Boutroux, dans la Méditerranée, on les a indiquées toutes. Ces observations sont d'ailleurs longues et difficiles à faire, et l'on ne possède pas encore d'instruments qui permettent de constater avec quelque précision les vitesses et les directions. Ce qui a été fait de mieux dans cette voie nous paraît être l'appareil à aiguille aimantée de M. l'ingénieur hydrographe De La Roche-Poncié (1).

II

L'Océan cache ses mystères avec un soin qui explique comment, à une époque où les sciences nautiques ont atteint un si haut degré de perfection, les profondeurs sous-marines sont si peu connues. Les astronomes sont d'ailleurs dans le cas où se trouvent ici les géologues, et ce n'est pas seulement par ce côté que l'Océan peut être comparé à l'atmosphère.

Si nous jetons les regards sur l'immense espace bleu qui nous enveloppe, nous le voyons divisé en deux zones, dont la plus inférieure a 8,000 mètres de puis-

(1) *L'Annuaire des marées.* 1840.

sance et ne paraît pas devoir être jamais franchie par l'homme. Cette zone est la nôtre ; c'est dans son milieu que vivent tous les animaux à respiration aérienne, que le soleil devient un corps éclairant et que s'accomplissent tous les phénomènes dont l'atmosphère est l'alambic. « S'il était donné à l'homme de s'éloigner de plus en plus de la planète qu'il habite, dit le géologue Vézian, il subirait rapidement l'influence du milieu sidéral dans lequel notre globe est plongé. Il se rapprocherait de plus en plus d'une région où règnent un froid intense, un silence absolu et une nuit éternelle. »

On peut diviser l'Océan comme on divise l'atmosphère, en deux parties : l'une bruyante, passionnée, changeante, sans cesse agitée par les vents ou ses propres courants ; l'autre morne, obscure, immobile, silencieuse, impénétrable.

A quelle distance de la surface commence cette immense mer fermée? La séparation est difficile à établir. On l'a fixée à 500 mètres. Quant à la configuration du sol recouvert par cette masse inerte, on ne peut que l'imaginer et supposer avec Laplace que le relief sous-marin est en rapport avec le relief terrestre, ou, pour mieux dire, que les altitudes des continents concordent avec les dépressions des mers. Armé de cette théorie, on conclut que le fond des mers est accidenté, qu'il s'y trouve des vallées et des montagnes dont les écueils et les îles qui surgissent nous représentent les sommets les plus élevés. Ce qui paraît confirmer cette hypothèse, c'est que près des rivages on a observé que la forme du terrain se continuait sous l'eau. Ainsi, les côtes les plus abruptes sont en même temps les côtes près desquelles la mer est le plus profonde. Près des terres plates et basses, l'augmentation de la profondeur est au contraire lente et graduelle.

Pour déterminer exactement les reliefs et les dépressions du sol sous-marin, en un mot pour en dresser la carte fidèle et complète, on s'est servi des sondages opérés dans ces dernières années par les Américains et par les Anglais, soit dans un but scientifique, comme ceux qui furent exécutés à l'instigation de Maury, soit à propos de la pose du câble télégraphique par M. Dayman, de la marine britannique.

Il est juste de remarquer qu'avant eux Dupetit-Thouars, Ross, Dumont d'Urville, Smyth, Scoresby, Berryman et d'autres officiers de diverses marines de l'Europe, avaient déjà fait des tentatives pour obtenir le fond par de grandes profondeurs. Récemment, l'expédition hydrographique du *Phare* a déterminé d'une manière rigoureuse les dépressions du détroit de Gibraltar et détruit à cet égard des idées accréditées depuis longtemps et fort erronées. Des lignes de sondes à de grandes profondeurs ont été faites dans la Méditerranée, entre la côte d'Espagne, la Sardaigne et la côte d'Afrique, par MM. Ploix et Delamarche, ingénieurs hydrographes, et entre Malte et Candie par le capitaine Spratt.

Les sondes — ces seuls instruments avec lesquels nous puissions communiquer avec l'inconnu sous-marin, — les sondes sont de plusieurs espèces. La sonde ordinaire se compose d'un plomb attaché à une ligne. Le plomb varie de poids et la ligne de longueur. A bord des bâtiments français, ce poids a de 5 à 50 kilogrammes. Le diamètre des lignes est proportionné à la charge qui leur est confiée. Elles sont de chanvre ou de soie. Le plomb est généralement muni d'un godet formant une cavité que l'on garnit de suif. Quand le plomb est arrivé au fond, le suif se fixe aux cailloux ou à la vase, qui y adhèrent et remontent avec lui. Une secousse indique qu'il a atteint le but. Ce système est simple; il est infaillible pour les profondeurs ordinaires, mais lorsque furent tentés les premiers grands sondages, on s'aperçut bientôt de son insuffisance. On reconnut en premier lieu qu'il était impossible de ressentir le choc dès qu'une grande longueur de cordage était dehors. On essaya alors d'obtenir la profondeur par l'observation de la pression de l'eau. On construisit dans ce but une longue sonde ayant une colonne d'air où cette pression restait indiquée. M. de Tessan, ingénieur hydrographe, proposa l'emploi du son. En laissant tomber une bombe il espérait pouvoir déterminer la distance par le temps que le bruit de l'explosion mettrait à parvenir à son oreille. Un troisième construisit un appareil très-sensible, marquant le nombre des tours d'une hélice qui donnait une révolution par chaque brasse de profondeur. Mais aucun bruit d'explosion ne parvint à l'air supérieur; on n'a pu construire un instrument capable de supporter la pression énorme de plusieurs centaines d'atmosphères, produite par la vaste colonne d'eau dans laquelle il était obligé de pénétrer; nulle machine enfin ne fut à la fois assez forte et assez facile à diriger pour rendre utile l'emploi de l'hélice.

On supposa, en second lieu, que les courants sous-marins devaient agir sur la ligne longtemps après que le poids avait cessé de l'entraîner. Maury fournit un exemple de ce fait, qui vient à l'appui de sa théorie des courants inférieurs. « En 1852, dit-il, le lieutenant Parker voulut sonder par de grandes profondeurs sur la côte de l'Amérique méridionale. L'expérience dura neuf heures, pendant lesquelles environ 10 milles de ligne furent filés; à la nuit, lorsqu'on voulut hâler la ligne à bord du canot, elle se rompit; plus tard on reconnut que la mer, au lieu de 10 milles, n'avait pas plus de 3 milles, soit 5,556 mètres de profondeur, en ce point. La ligne avait été entraînée par des courants sous-marins dans une direction ignorée.» Sans vouloir nier l'existence de ces courants, ainsi que l'ont fait l'amiral Smith, sir C. Lyell, M. Babinet et d'autres encore, il est sage de ne pas oublier un fait que M. le commandant Roux a signalé dans son *Etude sur les câbles électriques.*

D'après cet officier, un mètre de la ligne qui sert ordinairement aux sondages pèse, lorsqu'il est mouillé, 25 grammes. Chaque mètre de ligne filé ajoute donc 25 grammes au poids total; et comme le plomb descend avec une vitesse d'une minute environ par 100 mètres, il s'ensuit qu'au bout de dix minutes, c'est-à-dire à 1,000 mètres de profondeur, la ligne pèse déjà 25 kilogr., et à 2,000 mètres 50 kil., etc. De sorte que, lorsqu'on opère par des fonds supérieurs à 4,000 mètres, la ligne n'a plus besoin du poids du plomb pour être sollicitée à descendre, puisqu'elle pèse alors plus de 100 kilogr. Et encore dans ce calcul doit-on faire abstraction de la forte pression à laquelle tout corps est soumis dans les grandes profondeurs, pression qui chasse le goudron des spires et allonge les torons de la ligne. Ce qui semblerait donner raison à cette théorie, c'est que plusieurs fois, ayant remonté la ligne alors que celle-ci continuait à filer, on a constaté qu'elle était couverte sur une grande longueur de l'oaze particulière aux grands fonds, ce qui attestait son séjour sur le sol, à côté de son poids.

Le système de sondages qui a survécu à tous ceux

qu'on a imaginés est celui du midshipman de la marine américaine J.-M. Brooke, l'un des collaborateurs de Maury. Il se compose d'un boulet de 14 ou de 29 kilogrammes, traversé suivant son diamètre par une tige qui porte un déclic à sa partie supérieure, et auquel la ligne de sonde est fixée par une patte d'oie. Le boulet est porté par les deux pointes inférieures du déclic pendant la descente, et il est maintenu par deux attaches à boucles qui décapellent lorsque le choc du boulet contre le fond fait renverser le déclic.

Dans la campagne hydrographique du *Phare*, que nous citions tout à l'heure, M. l'ingénieur Boutroux, de regrettable mémoire, se servit d'un sondeur préférable, dans notre opinion, à celui de Brooke. Ce sondeur a sur le précédent le grand avantage d'indiquer, au moyen de roues dentées, les dizaines, les centaines et les mille de mètres filés, jusqu'à 10,000 mètres. On pourrait sans difficulté appliquer à ce sondeur, pour les très-grands fonds, le système de déclic du sondeur Brooke. De cette manière on obtiendrait la profondeur avec bien plus d'exactitude qu'en la calculant par le temps employé dans la descente. Malgré les violents courants du détroit, M. Boutroux a pu, sans déclic et avec les moyens ordinaires, sonder exactement au moyen de cet instrument par des profondeurs de 1,010 mètres; cette profondeur est la plus grande que l'on obtienne dans le détroit de Gibraltar, un peu à l'es de la ligne qui relierait Gibraltar à Ceuta.

Quoi qu'il en soit, c'est avec le sondeur Brooke que l'on est parvenu à connaître la constitution du sol sous-marin. Les plus grandes profondeurs atteintes se trouvent dans l'Atlantique du Nord; e autant qu'on en peut juger par les sondages exécutés jusqu'à ce jour, les dépressions de cet océan ne dépasseraient pas 8,244 mètres. La partie située entre les parallèles de 35° et de 40° de latitude nord et les méridiens de 40° et de 65° de longitude ouest immédiatement au sud des grands bancs de Terre-Neuve, est celle qui paraît offrir les plus grands fonds. Entre l'Irlande et Terre-Neuve s'étend un plateau dont la profondeur ne dépasse pas 3,000 mètres; c'est sur ce plateau qu'on a fait passer le câble du télégraphe électrique qui relie l'Angleterre aux États-Unis. Dans l'océan Atlantique du Sud, i paraît probable que les plus grandes profondeurs se trouvent au sud du parallèle de 35°. On a fait dans cette partie de l'Océan trois grandes sondes : l'une de 15,149 mètres, l'autre de 14,091 mètres, et la dernière de 12,000 mètres. Toutefois aucune de ces sondes n'a donné de résultat satisfaisant, et plusieurs autres faites depuis dans ces mêmes parages ont accusé des profondeurs de 7,000 et de 5,490 mètres.

Dans le golfe du Mexique, la profondeur maximum obtenue est de 1,800 mètres. Dans l'océan Pacifique, les officiers américains ont obtenu des sondes avec spécimens du fond à des profondeurs de 6,039 mètres, de 4,860 mètres et de 3,770 mètres. L'amiral Du petit-Thouars en a fait une de 4,000 mètres sans obtenir le fond, et une de 3,790 mètres.

Dans l'océan Indien, les officiers américains affirment avoir fait une sonde de 12,672 mètres qui paraît douteuse, d'autant plus que la ligne a cassé et qu'on n'a pu par suite avoir le spécimen du fond. Dans cette même mer, l'amiral Du petit-Thouars a fait une sonde de 1,584 mètres. Ces deux mers sont du reste encore fort peu connues sous le rapport de la profondeur, et il faut attendre le résultat d'expériences nouvelles.

Dans les mers polaires, Scoresby a sondé par 76° et 77° de latitude nord jusqu'à 2,200 mètres sans trouver le fond, et Ross a eu 1,739 mètres sur le parallèle de 67° sud. La profondeur de ces mers serait donc considérable, si ces sondes ont été faites exactement.

Dans le bassin ouest de la Méditerranée, le plus grand fond qu'on ait obtenu est de 2,900 mètres; dans le bassin est, entre Malte et Candie, on a eu 3,970 mètres; entre Rhodes et Alexandrie, 2,930 mètres.

III

Ces sondages ont permis de tracer des cartes des profondeurs des mers, mais un peu comme on dresse celles de l'Australie et de l'Afrique : en supposant beaucoup. Il viendra vraisemblablement un jour où ces simples esquisses prendront la forme définitive d'un tableau achevé. Mais il faudrait, pour obtenir ce résultat d'un si haut intérêt, que les grandes marines fissent les frais d'explorations régulières, telles que celles qui furent confiées par les États-Unis à l'illustre Maury avant la guerre de sécession. D'ici là on devra se satisfaire des hypothèses auxquelles le peu que l'on sait sert actuellement de base. Les géologues peuvent néanmoins étudier dès maintenant et avec fruit les cartes faites en vue de la navigation et les travaux parallèles exécutés par les ingénieurs hydrographes. De toutes les recherches dont le fond des mers et la nature ainsi que la configuration des rivages ont été l'objet, aucune n'offre des résultats plus certains, et l'on peut ajouter plus nombreux.

C'est seulement au siècle dernier et uniquement en vue de faciliter l'abord des terres aux navigateurs, que l'hydrographie a été soumise au contrôle rigoureux de la science (1). Depuis, les gouvernements ont toujours veillé avec un soin jaloux à ce que les documents qu'elle fournit soient parfaitement exacts. On a donc fait preuve d'une grande sagesse en confiant les levés hydrographiques à des officiers spéciaux très-instruits, et rendu partout l'État responsable de leurs œuvres. En France, le corps qu'ils composent se recrute parmi les élèves de l'École polytechnique. Il n'est pas formé avec un soin moins judicieux chez les autres nations maritimes. Le résultat de l'émulation qui anime naturellement ces esprits d'élite a été surtout sensible dans ces dernières années. Indépendamment des grandes campagnes de circumnavigation qu'ils ont provoquées, et qui ont si bien complété la connaissance générale du globe, les hydrographes de ces diverses puissances ont levé les cartes de la plupart des mers du monde. Quoique cette œuvre ne soit pas entièrement achevée, elle est suffisante pour guider d'une façon certaine les navires sur toutes les mers, et il est certain que la sécurité qui leur est maintenant assurée a été pour beaucoup dans l'augmentation du chiffre de ces navires et de leur tonnage.

(1) Les cartes dont ceux-ci se servaient antérieurement à Bellin (1703-1772), exécutées sans le secours des observations astronomiques, ont été la cause de naufrages si nombreux, qu'on a dû édicter contre leur vente des peines très-sévères.

2.

Les grands sondages des Américains n'ont pas seulement enrichi les sciences géologiques de données nouvelles ; ils ont permis aux naturalistes de compléter leurs collections et peut-être de bannir cette idée qu'au-dessous d'une certaine profondeur la vie animale n'était plus possible.

« Si l'on plonge dans la mer à une certaine profondeur, dit Michelet, on perd bientôt la lumière; on entre dans un crépuscule où persiste une seule couleur, un rouge sinistre; puis cela même disparaît et la nuit complète se fait. C'est l'obscurité absolue, sauf peut-être des accidents de phosporescence effrayante. La masse, immense d'étendue, énorme de profondeur, qui couvre la plus grande partie du globe, semble un monde de ténèbres. Voilà surtout ce qui saisit, intimida les premiers hommes. On supposait que la vie cesse partout où manque la lumière, et qu'excepté les premières couches, toute l'épaisseur insondable, le fond (si l'abîme a un fond) était une noire solitude, rien que sable aride et cailloux, sauf des ossements et des débris, tant de biens perdus que l'élément avare prend toujours et ne rend jamais, les cachant jalousement au trésor profond des naufrages ! »

Il est hors de doute qu'à une petite distance de la surface, la densité de l'eau s'accroissant en proportion de son éloignement de cette surface, les animaux d'une organisation supérieure ne sauraient vivre; mais, s'il faut en croire plusieurs savants très-autorisés, le Créateur, qui a peuplé la terre, les airs et les eaux, n'aurait pas laissé inanimé le fond des océans. A mesure que l'on s'éloigne de l'ourlet maritime et qu'on descend la pente qui, dans certaines mers, s'enfonce jusqu'aux plus grandes profondeurs, on peut compter zone par zone tout un monde de plantes, de poissons, de crustacés et de mollusques disposés par couches, les mieux organisés et les plus gros en haut de l'échelle et les plus infimes tout en bas. Un jour viendra sans doute où pour cette flore et cette faune peu connues on dressera cette échelle, dont le modèle existe déjà pour les animaux qui se partagent l'étendue terrestre. Ce qui manquait encore pour qu'elle fût complète se trouve être précisément ce que la sonde de Brooke a rapporté. Le précieux instrument a démontré, contre l'opinion généralement reçue, que le sol sous-marin n'était pas désert. La sonde ayant ramené une sorte de vase visqueuse (*oaze*), les officiers américains la conservèrent avec soin, et à leur retour l'adressèrent à l'observatoire de Washington. Une partie fut confiée au docteur Bailey, de West-Point; le reste fut expédié au professeur Ehrenberg, de Berlin. Ces savants constatèrent aussitôt que cette *oaze* n'était pas seulement composée de matière minérale. Ils reconnurent qu'elle se composait de coquillages microscopiques siliceux ou calcaires, sans aucune parcelle de sable ou de gravier. Un autre envoi fait au professeur Bailey, par le lieutenant Brooke, d'oaze recueillie dans le Pacifique du Nord, à 2,150 brasses de profondeur, fournit les mêmes résultats; seulement la proportion d'éléments siliceux était plus considérable. Enfin les sondages du commandant Dayman, exécutés sur le plateau télégraphique, donnèrent également de la vase qui, examinée par le professeur Huxley, ne donna à son tour que des coquillages. La couche sur laquelle reposent les eaux profondes ne serait donc, sur quelque point du globe qu'on l'interroge, qu'un épais tapis d'êtres. Dans la partie siliceuse on reconnut d'abord des *diatomacées*, petites plantes rudimentaires que l'on a étudiées depuis longtemps dans toutes les eaux douces ou salées, stagnantes ou courantes, et dont les États-Unis, les Bermudes, les environs d'Oran, etc., possèdent des masses considérables à l'état fossile. Le surplus de cette oaze siliceuse se composait de ces animaux non moins rudimentaires qu'on a nommés *polycistnes*.

Dans la partie calcaire des échantillons rapportés par la sonde, on a constaté la présence de deux groupes distincts d'individus : les *rhizopodes* et les *foraminifères*, et enfin de *spicules* d'éponges.

Étaient-ils vivants lorsque la sonde les a arrachés au lit de l'Océan, ou n'a-t-on recueilli que leurs dépouilles?

Dès leurs premières observations, Ehrenberg et

Bailey reconnurent que les coquillages calcaires étaient garnis d'une pulpe molle, de nature évidemment charnue. De ce fait, Ehrenberg conclut à l'existence de la vie au fond des eaux, et Bailey conclut, au contraire, que ces animaux avaient été retrouvés morts. De là deux camps.

Les partisans de la doctrine Bailey ou *antibiotique* ont eu pour point de départ les observations du professeur Forbes, qui reconnut sur le littoral de la Méditerranée que les espèces vivantes sont de moins en moins nombreuses à mesure que l'on s'enfonce sous l'eau, et admit, par induction, l'absence de la vie à une certaine profondeur. La conservation dans les coquilles d'une matière charnue, disent-ils, n'est pas une preuve concluante en faveur de la vie, car chacun sait que l'eau salée et la pression préservent de la putréfaction. A 1,200 pieds, cette pression atteint 400 atmosphères. Ces frêles carapaces n'auraient jamais eu la force d'en soulever le poids. A cette distance, il n'y a plus d'ailleurs ni chaleur, ni lumière; peut-on vivre dans ces conditions? Moïse nous apprend que les poissons ont été créés après le soleil et la lune, preuve incontestable que la chaleur et la lumière sont nécessaires à leur existence.

« Quelques échantillons, dit à ce propos Maury, ont la pureté de la neige qui vient de tomber. Ces profondeurs, loin des rayons solaires, semblent avoir un manteau couvrant la surface du globe, chargé de conserver les restes des infusoires de tous les siècles, et les conservant intacts, comme la neige qui couvre le voyageur mourant dans une avalanche. L'Océan, surtout près des tropiques, fourmille de créatures ayant vie. Les restes de ces myriades de créatures sont entraînés depuis la suite des siècles et logés dans les profondeurs. C'est ainsi qu'ils couvrent depuis l'éternité le fond de l'Océan, comme la neige couvre le sommet des montagnes. — Le fond de la mer n'est qu'un vaste cimetière... En faisant un pas de plus dans cette direction, ajoute-t-il, nous pouvons rêver que la mer embaume ses morts; que tous ceux qui sont lancés dans son sein avec un boulet aux pieds (comme cela se pratique pour les personnes mortes à bord des navires) se tiennent debout au fond des eaux, avec leurs traits aussi bien conservés que le jour où leurs camarades ont procédé à leurs funérailles. »

Ehrenberg, créateur de la théorie *biotique* et peu soucieux des traditions bibliques, répond que la présence de la matière charnue serait inexplicable, si la mort remontait à une époque éloignée; il ajoute que les espèces nouvelles découvertes dans l'oaze sont nombreuses; comment ne les aurait-on pas aperçues plus tôt, si elles eussent vécu à la surface? La lumière est indispensable sans doute aux êtres bien organisés, mais peut-on dire que la vie ne peut s'en passer chez les espèces moins parfaites? Quant à la chaleur, elle est relative, elle ne ferait pas plus défaut aux couches inférieures de l'Océan qu'à la surface des eaux polaires.

En dépit de ces raisons, le public savant était, vers 1857, d'autant plus disposé à donner raison à Bailey qu'à cette époque Ehrenberg reçut le spécimen d'un sondage fait dans la Méditerranée, entre Malte et l'île de Crète, et y reconnut un coquillage d'eau douce, le *phytolithaire*, habitant les lacs suisses, et qui n'avait pu descendre jusqu'au point où on l'avait trouvé que par la voie des rivières et des courants sous-marins; il avait dû nécessairement mettre beaucoup de temps à faire le trajet; néanmoins il contenait encore un peu de matière charnue, ce qui établissait péremptoirement que cette matière se conservait longtemps après la mort. Cette observation détruisait donc un des arguments de la doctrine biotique; mais des faits beaucoup plus décisifs sont venus la corroborer récemment. Pendant l'automne de 1860, dit M. H. Blerzy (1), le capitaine Mac Clintock, à son retour du Groënland, recueillit des étoiles de mer vivantes dans un sondage par 1,260 brasses de profondeur. Le docteur Wallich, savant naturaliste anglais, accompagnait Mac Clintock dans cette expédition et dans le sondage dont nous venons de parler; il reconnut que

(1) *Annales télégraphiques.*

ces étoiles de mer étaient bien vivantes, qu'elles étaient colorées des teintes brillantes de la vie animale, et dans le canal alimentaire de l'une d'elles il retrouva même une quantité considérable de globigérinées. Plus récemment encore, en relevant le câble sous-marin de Bône à Cagliari, on a ramené des coquilles d'huîtres, moulées sur le câble comme si elles y avaient pris naissance. M. Alphonse Milne-Edwards a reconnu dans les échantillons l'*ostrea cochlear*, espèce commune dans la Méditerranée, où on l'a déjà trouvée à des profondeurs considérables.

Si l'on admet cette hypothèse, le fond de l'Océan cesse d'être ce vaste cimetière que nous représentent les partisans de la théorie antibiotique, et devient un des grands rouages du mécanisme géologique. On s'explique alors la disparition des dépouilles animales et végétales que la mer engloutit depuis des siècles. A la mort des habitants des eaux supérieures, leurs cadavres deviennent la proie des animaux marins placés plus bas dans l'organisation générale, qui eux-mêmes servent d'aliments aux êtres placés au-dessous d'eux. Suivant cette théorie, longtemps avant que les débris des animaux vivant à la surface pussent arriver au fond et fussent assimilés, ils passeraient par plusieurs transmigrations, dont la dernière serait leur absorption par les animalcules demeurant dans les plus basses régions.

Ils collaboreraient ainsi, au sein des abîmes, dans la plus profonde nuit, à la grande œuvre où nous avons vu occupés les coraux et les infusoires. En transformant les matières en dissolution que les sources, les torrents et les rivières arrachent aux montagnes et aux plaines et portent à l'Océan, ils y prépareraient, nous l'avons dit, de nouvelles plaines et de nouvelles montagnes. Qui ne sait qu'à l'époque carbonifère, une seule espèce du genre *Fusulina* a formé en Russie des bancs énormes de calcaire? Le terrain crétacé en montre une immense quantité dans la craie blanche, depuis la Champagne jusqu'en Angleterre. Les bassins tertiaires de la Gironde, de l'Autriche, de l'Italie, et surtout de Paris, renferment un nombre prodigieux de rhizopodes. On peut dire que la capitale de la France est presque bâtie avec eux. Le mont Perdu est en majeure partie composé d'assises pétries de nummulites, et c'est avec une roche de cette nature que la plus grande des pyramides d'Égypte a été construite.

A la création des continents nouveaux ne se bornerait pas, d'après Maury, l'œuvre de ces infiniment petits; ils aideraient encore, en absorbant les excès de sel produits par l'évaporation, à cette circulation de l'Océan si magistralement exposée dans ses livres, et par suite régleraient les climats. Pour bien faire comprendre le rôle de ces animaux, il suppose que la mer, conservant sa constitution, soit dans un état d'équilibre parfait, et qu'à l'exception des animaux sécréteurs, rien ne soit mis en action pour le détruire. Ceci posé, un seul mollusque ou un corail commence ses sécrétions, absorbant les matériaux nécessaires à la construction de ses cellules, c'est-à-dire toutes les matières solides tenues en dissolution dans les eaux. Par ce seul fait, l'animal a détruit l'équilibre de tout l'Océan, parce que la pesanteur spécifique de cette partie de l'eau a été altérée. Plus légère, elle doit céder la place à des eaux plus lourdes, et se mélanger aux autres eaux jusqu'à ce qu'elle ait retrouvé la même densité.

Pour démontrer l'action de ces mêmes animaux sur le climat dans certaines latitudes, il prend pour exemple les eaux de la zone torride à 32 degrés centigrades : l'évaporation peut les rendre plus lourdes que des eaux plus froides, mais non aussi salées. Alors, quoique plus chaudes, ces eaux couleront en courants sous-marins de l'équateur vers les pôles, ou vers tout autre lieu dont les eaux seront plus légères.

« Les artistes qui font des instruments d'astronomie, dit l'illustre Américain, comme des chronomètres par exemple, trouvent toujours des irrégularités et des imperfections dans leurs ouvrages. C'est tantôt la dilatation, tantôt la contraction des différentes pièces qui accélère ou ralentit le mouvement. Pour parer à ces défauts, on a inventé une pièce chargée de corriger les irrégularités de l'instrument en s'opposant aux changements dus à l'influence de la température. Cette pièce est appelée le *compensateur.* Un chronomètre bien réglé et bien compensé doit conserver sa marche dans tous les changements de température.

« Dans l'horloge de l'Océan et de l'univers, l'ordre et la régularité sont maintenus au moyen du même système compensateur. Les corps célestes, tournant autour du soleil, tendent à s'en écarter à cause de la force centrifuge ; mais ils sont maintenus dans leurs orbites par une force réglée par leur masse, leur vitesse et leur distance. La compensation est parfaite.

« C'est le rôle que jouent dans l'Océan les coquilles ; elles forment un système de compensation parfait. Les effets de la chaleur, du froid, des pluies, des tempêtes, qui troublent l'équilibre et déterminent les courants, sont compensés, réglés et contrôlés par elles.

« Les rosées, les pluies et les rivières charrient continuellement dans la mer des sels qu'elles ont dissous. Tous s'y accumulent ; et, si elle n'était pas *compensée*, la mer deviendrait, comme la mer Morte, saturée de sels, et un grand nombre de poissons n'y pourraient vivre.

« Les coquilles marines et les insectes fournissent la *compensation* nécessaire : ce sont les conservateurs de l'Océan. Ils empilent les sels dans les profondeurs des mers pour en faire les bases de nouveaux continents qui sortiront des eaux pour y être de nouveau dissous et entraînés dans la mer par les rivières et les pluies. »

Il serait téméraire de prononcer un jugement sur ces théories, et en général sur toutes celles que l'étude de la mer a provoquées. On doit se borner à les indiquer; leurs auteurs, avec une bonne foi qu'il faut reconnaître, ne les donnant pas eux-mêmes comme la vérité. La plupart offrent de grandes séductions, et, tout en ne s'y laissant point aller, on ne saurait échapper à leur charme. Toutes les sciences ont leur attrait; mais on ne peut disconvenir que celle dont la mer est l'objet représente l'une des plus captivantes. Les esprits les plus rebelles la subissent, et c'est ce qui explique le succès des ouvrages dont le livre de M. Michelet a été le signal. Ne serait-ce pas parce que, partageant enfin les idées des Anglais sur l'Océan, nous commençons à y éprouver comme eux ce sentiment d'indépendance et de liberté qui, suivant la juste expression de Théodore Ortolan, s'empare du marin et l'exalte (1), lorsqu'il n'aperçoit au-dessus et au-dessous de lui que l'infinité bleue céleste et liquide? Faut-il simplement expliquer ce goût tout nouveau du public pour les choses de la mer par ce besoin de savoir qui est l'un des traits caractéristiques de ce siècle? Nous hésitons à

(1) *Diplomatie de la mer.*

nous prononcer. Nous n'avons voulu d'ailleurs, en traçant cette esquisse rapide, que résumer les derniers travaux exécutés pour obtenir une connaissance absolue du fond de la mer, ce qui n'est pas dire qu'on y ait complétement réussi, on vient de le voir ; mais on ne saurait oublier que la première étude a vingt ans à peine, que l'intelligence humaine est restreinte et le sujet immense !

II

LA SCIENCE

L'Hydrographie. — Les Ports. — Les Phares. — Les Digues. — Les Mines subaquatiques. — Les Tunnels. — Les Câbles sous-marins. — Les Plongeurs. — Le Scaphandre. — La Cloche. — Le Nautile.

I

L'HYDROGRAPHIE

Les premières cartes dont se soient servis les navigateurs sont très-élémentaires; ce ne sont, à proprement parler, que des cartes géographiques. Puis, peu à peu, les marins en vinrent à tracer des cartes de la mer et de ses côtes, qui furent d'abord très-grossières. Le plus vieux spécimen du genre est l'atlas de Pietro Vesconte di Genova, imprimé à Venise en 1318. Les Vénitiens étaient alors de hardis navigateurs. En passant aux mains des Portugais, des Espagnols, des Hollandais et des Anglais, « le sceptre des mers » fut aussi la baguette magique qui fit naître ces vieux routiers, ces vénérables portulans, qui ne sont plus aujourd'hui pour les marins que de curieuses reliques. A la France, à son génie théorique, revient l'honneur d'avoir imprimé à ces travaux si utiles le contrôle de la science, et Nicolas Bellin peut être considéré comme le premier hydrographe qui ait apporté une méthode scientifique sérieuse dans le levé des cartes marines.

La révolution que ses nombreux travaux opérèrent dans la navigation attira l'attention du gouvernement, qui comprit que le temps des tâtonnements était passé. A l'instigation du laborieux cartographe, le Dépôt de la marine fut fondé en 1720. Cet établissement devait centraliser les documents *nautiques* et en composer des cartes et des instructions. On se mit à l'œuvre, et si bien que vingt ans après, en 1741, l'Académie des sciences déclarait le Dépôt de la marine « un trésor ». Les puissances étrangères comprirent à leur tour la haute importance d'une telle création et nous en empruntèrent le principe; en sorte qu'aujourd'hui il n'y a plus une seule nation maritime qui n'ait son dépôt et ses hydrographes.

Nous n'avons pas la prétention de faire l'histoire de ce savant établissement, qui, transporté de Versailles (1) à Paris (1817), a reçu plusieurs modifications depuis sa création, transformations qui toutes ont augmenté son importance en élargissant le cadre de ses devoirs.

Beautemps-Beaupré a été l'un des ingénieurs dont l'hydrographie française a le plus de droit de s'enorgueillir. La science, en effet, lui doit la méthode employée aujourd'hui dans les opérations hydrogra-

(1) Boulevard des Capucines, et enfin rue de l'Université.

phiques, méthode qui assure à leurs résultats une certitude qu'on était loin d'obtenir avec les procédés de Bellin. C'est à l'aide de cet élément scientifique nouveau qu'il put entreprendre en 1816 la série de campagnes d'où devait sortir cette belle œuvre du *Pilote français,* qui est à nos côtes ce que la *Carte de France* du Dépôt de la guerre est à la géographie intérieure de notre pays. Pour l'exécuter, Beautemps-Beaupré n'etait pas seul; il avait sous ses ordres une brigade de huit à dix collaborateurs, composée de jeunes ingénieurs et d'officiers de marine qui presque tous ont laissé une trace profonde dans les sciences nautiques. La plupart d'entre eux étant encore vivants, nous ne saurions devancer l'avenir en appréciant leurs beaux travaux ni définir la part prise par chacun dans l'érection du monument. Il nous suffira de dire que cette œuvre est assez saillante pour que l'Académie des sciences et le Bureau des longitudes soient venus chercher plusieurs de leurs membres parmi les ingénieurs hydrographes : MM. Beautemps-Beaupré, Daussy, Dortet de Tessan et Darondeau. Il est vrai que depuis 1816 le corps se recrute parmi les élèves de l'École polytechnique, ce qui est une garantie de son savoir. Il se compose aujourd'hui de dix-sept ingénieurs placés sous la direction d'un officier général de la marine, qui dirige également les officiers attachés au Dépôt soit pour rédiger les travaux qu'ils ont eu le loisir d'exécuter en cours de campagne, soit pour y étudier ou traduire les nombreux documents que les sciences nautiques voient naître chaque jour.

II

LES PORTS.

Lorsque l'hydrographe a tracé aux navigateurs la route qu'ils doivent suivre sur les plaines de l'eau, le port se présente pour les recueillir et les mettre à l'abri des fureurs des éléments. C'est la Méditerranée, la belle nourrice de l'esprit humain, qui vit s'élever les premiers refuges que l'homme ait construits.

Quand la nature n'en faisait pas les frais, comme au Pirée, à Carthage, à Syracuse, les anciens choisissaient un point de la côte où les grandes profondeurs étaient voisines du rivage, comme au cap d'Antium, et ils faisaient deux murailles qui, partant de deux points éloignés, se rapprochaient de manière à ne laisser entre leurs extrémités que la place nécessaire à l'entrée des navires. Assez souvent ils complétaient l'œuvre en construisant une île devant l'ouverture, à quelque distance, comme à Civita-Vecchia.

Ces murailles et ces îles sont ce que nous nommons, nous autres Français, *môles* ou *brise-lames*, ce que les Anglais appellent *break-waters* et les Italiens *murazzi*. Les espaces compris sous leurs flancs sont des rades ou ports ; — *rades*, quand l'espace enveloppé est vaste et profond ; *ports*, quand il est circonscrit dans des limites plus étroites.

Les môles sont ou continus ou à claire-voie. Ces derniers ont pour objet de laisser circuler librement les sables charriés par les courants et qui, sans ces barrières, finiraient par combler le port. Pour les construire, les anciens plantaient un cercle de pieux et dans cette enceinte mélangeaient des pierres à de la pouzzolane : c'est le béton de nos jours. Les modernes, qui ont eu à bâtir des refuges, non pas sur quelques points isolés et tranquilles d'une mer intérieure, mais dans les conditions hydrographiques les plus variées, ont dû trouver d'autres systèmes. C'est ainsi qu'ils ont pu faire sortir de l'eau les môles de Plymouth et de Cherbourg entre autres, gigantesques travaux que les anciens n'eussent certainement pu exécuter, non plus que les phares qui s'élèvent sur quelques-uns des rocs immergés qui entourent les côtes de France et d'Angleterre.

Lorsqu'il s'agit de bâtir sur un fond qui ne découvre pas, on y coule des blocs de pierre naturelle ou artificielle ; puis, lorsque ce mur a atteint la surface de l'eau, on bâtit dessus. Mais avant ce moment que de fois la mer n'a-t-elle pas dispersé de sa main de géante ces œuvres de fourmis! Pour défendre le pied de la digue de Cherbourg, on a dû couler des blocs qui n'avaient pas moins de 20 mètres cubes.

III

LES PHARES.

Les fondations des phares sur des rochers isolés en mer et couverts par la marée présentent des difficultés d'un autre ordre, et qui sont dues à l'incertitude du temps, et par suite à celle des transports d'hommes et de matériaux, à la houle, qui rend difficile le stationnement des pontons, enfin aux tempêtes qui viennent de temps à autre exercer leur puissance destructive contre les assises de l'édifice.

Le premier phare qui ait été bâti dans ces conditions est celui d'Eddystone (*eddy*, tourbillon, *stone*, pierre).

Avant la haute tour rayée de larges zones rouges et blanches qui se dresse aujourd'hui sur ce roc, et dont la flamme envoie ses rayons jusqu'à 13 milles, on en a compté deux successivement sur cet écueil fameux, et qui eurent pour parrains deux hommes restés célèbres, Henri Wistanley et John Rudyard.

Celui de Wistanley (1696) était en bois et carré, et offrait par conséquent aux vents et aux lames une prise dont la tempête profita; il fut emporté en 1703. Rudyard avait établi le sien d'après des principes meilleurs (1706); il était rond, et sans doute aurait-il résisté de longues années aux violences océaniques, s'il n'eût été en bois; une nuit, le feu s'y mit, et le lendemain il n'en restait plus rien (1755). Plus heureux que ses prédécesseurs, le phare de Smeaton (1757-1759) est toujours debout; et en construisant sa tour de pierre l'illustre ingénieur n'a pas eu seulement l'honneur d'assurer la navigation de parages à juste titre redoutés, il a du même coup donné les lois immuables, avant lui vainement cherchées, de la construction des phares en pleine mer. Lors donc que vous apercevez du fond de l'horizon sur le navire qui vous balance, ô navigateurs, le feu qui indique le port, pensez à Fresnel, l'inventeur du système lenticulaire; mais, en vous approchant du monument qui supporte la lumière, souvenez-vous de Smeaton. C'est lui qui a ouvert la voie, et c'est grâce à lui que vous voyez une flamme bienfaisante rayonner sur les rocs anglais des Smalls, de Bell-Rock et Skerryvore, sur les écueils français des Héaux de Bréhat, de la Hague et des Barges d'Olonne!

Le premier soin, lorsqu'on veut bâtir un phare dans ces conditions, consiste aujourd'hui à creuser la roche sur laquelle on doit asseoir les fondations;

on établit ensuite la première assise avec un ciment énergique; on y place alors en cercle des blocs de pierre taillés en queue d'aronde, c'est-à-dire s'emboîtant hermétiquement les uns dans les autres. Sur cette première assise on en pose une seconde, et ainsi de suite jusqu'à une hauteur qui varie suivant la portée que l'on veut donner au feu, mais qui n'a point encore dépassé 50 mètres. Énormes, immobiles, silencieuses, ces hautes tours semblent, au milieu du tumulte qui les entoure, une sorte de défi jeté aux démons des tempêtes. « Parfois, dit M. de Quatrefages en parlant de l'une d'elles, le phare des Héaux de Bréhat, on dirait que, sensibles à l'outrage, le ciel et la mer se liguent contre l'ennemi qui les brave par son impassibilité. Les vents impétueux du nord-ouest rugissent autour du fanal et lancent contre ses solides vitraux des torrents de pluie, des tourbillons de grêle et de neige. Sous l'impulsion de leur souffle irrésistible arrivent du large des lames gigantesques dont le sommet atteint quelquefois jusqu'à la première galerie; mais ces masses fluides glissent sur les surfaces rondes et polies du granite, qui ne leur laissent aucune prise : elles passent en lançant jusque par-dessus la coupole de longues fusées d'écume, et vont déferler en mugissant sur les roches de Stallio-Bras ou sur les galets du Sillon. Le phare supporte ces terribles assauts sans en être ébranlé. Cependant il s'incline, comme pour rendre hommage à la puissance de ses adversaires. Les gardiens m'ont assuré que, lors d'une violente tempête, les vases à huile, placés dans une des chambres les plus élevées, présentent une variation de niveau de plus d'un pouce, ce qui suppose que le sommet de la tour décrit un arc de près d'un mètre d'étendue. Au reste, cette flexibilité même semble être un gage de durée. Du moins on la retrouve dans plusieurs monuments qui bravent depuis des siècles les intempéries des saisons. La flèche de Strasbourg, en particulier, courbe sous le souffle des vents ses longues ogives, ses sveltes colonnettes, et balance sa croix à quatre pointes, élevée à quatre cent quarante pieds au-dessus du sol. »

Les gardiens du phare des Héaux n'ont point trompé le savant M. de Quatrefages. Des observations faites dans d'autres phares construits en pleine mer confirment ce qu'ils lui ont dit. Il suffit que la hauteur de ces monuments atteigne quarante mètres pour que ces balancements deviennent assez sensibles pour déverser les liquides contenus dans les vases, faire battre contre les parois des tuyaux de descente les poids moteurs des mécanismes, et donner enfin aux visiteurs une idée de ce qu'est le balancement d'un navire. Les tours bâties de la sorte sont des sortes de joncs de pierre, le vent les incline; mais la bourrasque passée ils se relèvent tout comme de simples roseaux.

IV

LES DIGUES.

Les efforts de l'homme pour résister aux emportements de la mer ne se manifestent pas seulement dans ses ports et dans ses phares. Il arrive souvent que l'Océan, battu d'un côté, cherche à dévorer le territoire même de son ennemi. Ce sont ces luttes qui ont donné lieu aux beaux travaux que l'on remarque sur les côtes de la Hollande, dont une grande partie, on le sait, a été conquise sur les flots. L'une de ses villes les plus importantes, Amsterdam, est bâtie sur pilotis (1). Par contre, le lac de Harlem, le Biesbosch, le Zuyderzée, sont des conquêtes faites par l'eau sur des terrains qui avaient été soustraits antérieurement à sa domination.

C'est à 839 que remontent les renseignements un peu complets que l'on ait sur cette bataille séculaire. Le 16 novembre de cette année, une tempête furieuse rompit les digues, inonda presque toute la Frise et renversa deux mille quatre cent trente-sept habita-

(1) Son hôtel de ville seul repose sur 13,657 pilotis.

tions. En novembre 1421, la mer engloutit une surface de 5 myriamètres carrés, qui renfermaient soixante-douze villages et près de cent mille habitants; c'est cette inondation qui fonda le Verdronkenland (pays noyé), connu aujourd'hui sous le nom de Biesbosch (bois des joncs). Le 5 novembre 1530, la ville de Reimerswale et vingt villages de la partie est de l'île de Zuid-Beveland disparurent de la même façon.

Pour résister à ces déluges, l'homme opposa des digues, ou, pour être plus exact, commença par utiliser les remparts naturels que la mer forme elle-même, c'est-à-dire les *dunes*. Il fortifia ces digues et créa, par exemple, dans la Zélande celle de West-Kappelle, qui a 4,700 mètres de longueur et qui maintient la mer à un niveau de 5 mètres au moins, à marée haute, au-dessus du sol.

Il n'est pas d'allié trop faible. Quelque puissante que paraisse l'ennemie, elle eût triomphé moins facilement dans cette lutte sans le secours que lui prêta un de ses plus infimes enfants. Elle avait pour auxiliaire un petit animal, bien petit, et d'apparence fort inoffensive, mais dont la famille est, en revanche, considérable, et le travail destructeur, incessant. Nous voulons parler du taret.

A peine s'il existe, ce mollusque, et dans quelles conditions vit-il? Il est mou, sans coquille. Pour se sauver des contacts durs, secs, tranchants, il n'a que la mue. C'est pourquoi il pénètre dans le bois, qui est à la fois son vêtement et sa demeure. Un petit bec, doué comme celui de l'oursin qui creuse la pierre, l'aide dans cette entreprise et le sert admirablement. Pas de matière ligneuse qui lui résiste.

Avec un instinct remarquable, il conduit son tunnel dans la direction du fil du bois, quelle que soit sa position, et de la sorte il en vient à bout avec une redoutable rapidité. Le trou qu'il a percé a quelquefois 70 centimètres de long. Il n'est pas toujours droit, car si l'animal rencontre un obstacle assez dur pour l'arrêter, il le contourne. Comme s'ils avaient conscience de leur œuvre, d'une tâche commune, les tarets n'empiètent jamais sur les travaux de leurs confrères; chacun creuse de son côté tant et si bien qu'à la fin une pièce de bois attaquée par un certain nombre de ces vers se transforme en un faisceau de tubes, en une véritable éponge de bois.

L'histoire des dévastations que le taret a produites en Hollande commence à l'année 1730, qui a reçu un nom néfaste. C'est alors que furent menacés de destruction la digue de West-Kappelle et le port de Medemblik, en Zélande. Il fit aussi beaucoup de dégâts en Frise. L'esprit public s'en émut et la terreur se répandit dans tout le pays. « *Quantum nobis injicere terrorem valuit*, écrivait Sellius, un grand politique qui devint tout à coup un grand zoologiste sous l'influence de l'alarme générale, *quum primum nos-*

tros nefario ausu muros conscenderet exilis bestiola! Quanta fuit omnium, quamque universalis consternatio! Quantus pavor! Quem nec homo homini, qui sibi maxime alias ab invicem timent, incutere similem, nec armatissimi hostium imminentes exercitus excitare majorem quirent. »

Les tarets sévirent encore pendant les années 1730, 1731 et 1732. Après cette époque, les documents historiques n'en parlent plus. Cependant ils ne disparurent pas des côtes néerlandaises. En 1770, des rapports officiels constatent de nouveau leur présence sur les rivages de la Zélande, et en 1827 dans le Brabant septentrional. Cette dernière année fut comme le point de départ d'une seconde époque de dévastation. Un autre rapport atteste leur présence dans le canal de la Nord-Hollande, de 1824 à 1844. En 1833, les portes de l'écluse dite Willemssluis étaient tellement perforées qu'elles avaient l'apparence de cribles. On les avait placées en 1823; par conséquent, cette violente destruction s'est opérée en dix ans. De 1833 à 1857, les circonstances ne paraissent pas avoir été favorables au développement des tarets. Pendant ce laps de temps, on n'en entendit pas parler. En 1858, au contraire, leur multiplication et par conséquent leur action furent violentes, et il est probable qu'elles continuent sourdement.

Pour se défendre contre ce terrible animal, on a conseillé et employé plusieurs remèdes. On a *mail*-

leté les bois, opération qui consiste à enfoncer dans la surface de la charpente des clous à tête de 15 à 16 millimètres de diamètre à un intervalle de 20 millimètres. La rouille qui se forme immédiatement couvre tous les intervalles, et rend le passage des tarets impossible. Malheureusement, le mailletage coûte environ 12 francs le mètre carré; on a donc cherché à appliquer aux bois immergés les moyens de conservation plus économiques. « Diverses substances, formant ou une espèce de pâte ou un vernis, nous ont été recommandées, écrit un ingénieur hollandais (1). On a même eu la prétention d'en faire entrer quelques-unes dans la catégorie des remèdes secrets. Le coaltar seul, appliqué à chaud et à différentes reprises, a préservé le bois pendant quelques mois. Rien d'autre n'a réussi. Une croûte, même fort épaisse, de substance dure, presque pierreuse, tenant bien sur le bois, n'a pas empêché les tarets d'y entrer. Pour l'imprégnation du bois, on s'est servi du sulfate de cuivre, du sulfate de fer, de l'acétate de plomb, de la créosote, introduits par le procédé Boucherie. Toutes ces substances sont restées impuissantes. La seule matière qui promette une meilleure réussite est une espèce d'huile tirée de la tourbe par distillation. Des piliers de bois de construction, imprégnés par elle, ont été préservés pen-

(1) *Annales du Génie civil.* 1865.

dant plus de cinq mois. Nous n'avons fait que quelques expériences sur l'emploi de bois exotique. On nous a fourni du groenhart de Suriman, du bulletrie et du bois de chêne américain. Aucun d'eux n'a été dédaigné par les tarets. »

La nature, ici comme ailleurs, a mis le remède à côté du mal, et c'est fort heureux, car aucune des constructions en bois qui jouent un si grand rôle dans nos ports ne pourrait durer, et, par suite, la navigation deviendrait impossible. Ce remède c'est la *Lycoris fucata,* petite annélide qui se loge dans les tubes des tarets et en dévore le plus qu'elle peut.

Ne disons point trop de mal du taret pourtant. Si malfaisant qu'il soit, on ne saurait se plaindre toujours de son travail. Il mine, il est vrai, les navires et les jetées; mais il protége en même temps les uns et les autres, car si les débris des naufrages et les charpentes perdues demeuraient sous l'eau à l'état solide, l'entrée des ports en serait souvent encombrée. Cet infatigable mollusque devient alors un des agents de la police de la mer, qu'il balaye et nettoie.

V

LES MINES SOUS-MARINES.

La dent du taret, moins puissante que celle de l'oursin, respecte la pierre, et c'est souvent fâcheux, car s'il détruisait aussi bien le roc que le bois, les écueils, effroi du navigateur, auraient bientôt disparu des mers. Il n'en est pas ainsi, et l'homme doit ici remplacer la nature.

Pour cela il emploie des plongeurs. La cloche descend, chargée de trois hommes dont l'un tient à la main la sonde destinée à perforer les roches, tandis que les deux autres sont armés d'un marteau. Lorsque le premier de ces plongeurs a percé un trou dans le rocher à la profondeur voulue, il y introduit une cartouche en fer-blanc remplie de poudre, puis il la recouvre de sable. Au bout de cette cartouche est soudé un tuyau également en fer-blanc. La cloche remonte lentement; l'ouvrier ajoute successivement d'autres morceaux de tube, qu'il visse l'un après l'autre jusqu'à ce que l'ensemble s'élève à environ deux pieds au-dessus de la surface de l'eau.

L'homme qui doit mettre le feu à la charge se tient alors tout près, dans une barque où se trouve un réchaud chargé de morceaux de fer rouge. Il se dirige vers la partie saillante du tube, et, saisissant avec une paire de pinces un des brins de fer rouge, il le précipite dans l'intérieur. Ceci met naturellement le feu à la poudre et fait aussitôt sauter la roche. Une partie du tuyau se brise près de la cartouche, mais le reste (qu'on repêche au moyen d'une corde que l'allumeur a eu soin d'attacher d'avance) pourra servir une autre fois. « Au moment de l'explosion, raconte un témoin de ce genre d'opérations, M. A. Esquiros, ceux qui se trouvent dans le bateau n'éprouvent aucun choc; seulement l'eau monte avec violence vers la surface en bouillonnant. Les personnes qui se trouvent à terre ou sur les pointes de rochers ayant à la base quelque communication avec celui qu'on vient de faire sauter sentent au contraire une forte commotion, semblable à la secousse d'un tremblement de terre. Pour que de tels travaux puissent se pratiquer en toute sûreté, il faut nécessairement que les eaux aient une certaine profondeur, — au moins une douzaine de pieds; — mais en général on opère dans des abîmes bien autrement considérables. Dans le Menai-Strait (défilé de Menai), entre Holyhead et l'île d'Anglesey, s'élevaient jusqu'à ces derniers temps deux écueils menaçants dont l'un était connu sous le nom de la Vache (*Cow*) et l'autre s'appelait le Veau (*Calf*). Ces masses rocheuses, soulevant leur tête au-dessus des vagues, étaient un danger pour les navires. En 1863, M. W.-B. Hicks, de Falmouth, accompagné d'autres plongeurs, se mit en devoir de faire sauter cet obstacle. L'ouvrage est aujourd'hui terminé; les deux rochers ont disparu de la surface de la mer; encore quelques années, et leur nom même sera peut-être effacé de la mémoire des navigateurs. »

C'est de la sorte, ou à peu près, qu'on a dérasé à Brest la roche Rose, écueil situé à l'entrée du port militaire et qui, depuis des siècles, gênait le mouvement des navires. Ce travail n'a pas coûté moins de 70,000 fr. et a employé 26,000 kilogr. de poudre, qui ont déblayé 2,500 mètres cubes de roc. Près de quatre ans ont été remplis par ce travail. Les fusées employées sont celles qu'a inventées M. Bickford. Elles consistent en une composition assez active pour brûler pendant treize minutes dans l'eau et sous une pression de 10 mètres. On y mettait le feu à l'aide de l'électricité.

VI

LES TUNNELS.

Les travaux dont nous venons de parler ne sont pas les seuls qui s'exécutent sous l'eau. Il en est d'autres encore qui doivent aussi être mentionnés. Ce sont ceux qui se font sous le lit de l'eau, dans le sol même.

Ceux-là sont peu nombreux; il n'en existe plus qu'un : le tunnel de Londres sous la Tamise; car déjà, à Babylone, une galerie percée sous l'Euphrate avait mis deux palais en communication. La grotte de Pausilippe, près de Naples, est le débris d'une galerie souterraine de ce genre. L'idée du tunnel anglais remonte au XVIIIe siècle. Elle fut suggérée par le désir de relier les deux rives du fleuve, sur lequel un nouveau pont eût gêné la navigation. Les premiers travaux datent seulement de 1799. Ce fut l'ingénieur Dodd qui les entreprit, mais sans pouvoir les achever.

Le projet fut repris plus tard, en 1802, par une compagnie, avec l'autorisation du parlement. On creusa d'abord un puits sur la rive droite de la Tamise, près du village de Rotherhite, et on ouvrit ensuite une galerie sous le fleuve à travers le sable ferme. On atteignit ainsi une longueur de 300 mètres au milieu des plus grandes difficultés, d'éboulements des sables et d'invasions des eaux. Puis le capital social se trouvant épuisé, on perdit confiance dans le succès final de l'opération, et les travaux furent encore une fois abandonnés.

En 1809 la société se réorganisa, fit appel aux ingénieurs les plus expérimentés, les invitant à lui présenter des plans et offrant une prime considérable à l'auteur de celui qui la satisferait le mieux. Cinquante projets lui furent adressés, mais leurs rédacteurs s'étant tous accordés à dire qu'il était impossible de songer à percer sous la Tamise un passage dans des dimensions qui le rendissent utile à la circulation, l'entreprise fut délaissée de nouveau. Ce ne fut qu'en 1823 qu'un ancien et zélé actionnaire de l'affaire songea à reprendre l'exécution du projet avec l'aide d'un ingénieur français appelé Brunel. Celui-ci déclarait possible l'exécution d'une spacieuse voie sous le fleuve, si l'on continuait le percement de la galerie entre la couche de sable ferme et la couche d'argile formant le fond du lit du fleuve. D'après son plan, le passage devait se composer de deux galeries voûtées, chacune assez large pour contenir une voie pour les voitures et une autre pour les piétons. La muraille intérieure séparant ces deux voies devait être percée d'arcades, de telle sorte que la galerie n'aurait été, sur toute son étendue, séparée en deux parties que par une suite de piliers. Comme le lit du fleuve s'abaisse considérablement des deux rives vers le centre, le tunnel ne devait pas se prolonger en ligne plane, mais décrire des extrémités au centre une courbe de 2 mètres par 100 mètres. Le projet présenté par Brunel fit sensation et inspira tout aussitôt la plus vive confiance en la réussite finale de l'entreprise. Une nouvelle société s'étant formée en

1824, elle obtint, par un acte du parlement, toutes les autorisations nécessaires, et les travaux commencèrent à environ deux milles du pont de Londres, à peu de distance de l'endroit où avaient eu lieu les premiers essais tentés à Rotherhite. Il serait fastidieux de les suivre. Disons seulement que ce fut avec les plus grandes difficultés que Brunel put atteindre l'extrémité de sa galerie, en 1841, à 380 mètres de son point de départ. Ainsi, dans le cours de ces seize années de labeur assidu, il dut assister plusieurs fois à l'envahissement de son souterrain par les eaux. Un jour, entre autres, le péril parut si grave, que l'ingénieur dut renvoyer tous ses ouvriers, à l'exception de quatre hommes avec lesquels il s'efforça, mais vainement, de prévenir l'irruption de la Tamise. Pour se rendre compte de l'étendue du désastre, Brunel dut descendre dans une cloche à plongeur.

« La machine s'enfonça sous l'eau à près de trente pieds, raconte M. A. Esquiros, et arriva jusqu'à l'ouverture béante creusée dans la maçonnerie. Cette déchirure était néanmoins trop étroite pour que la cloche pût y entrer. Il fallait donc, ou qu'il renonçât à poursuivre ses observations, ou qu'il recourût à un autre moyen pour atteindre le théâtre des travaux, situé huit ou dix pieds plus bas. Brunel n'hésita point ; s'emparant du bout d'une corde, il plongea lui-même dans la brèche. Là il demeura sous l'eau durant deux minutes. Ses compagnons commençaient à s'alarmer, ils donnèrent le signal pour qu'il remontât. Lui cependant, tout occupé de recherches importantes, avait quitté la corde et eut à peine le temps de la ressaisir au moment où s'éloignait cet unique moyen de salut. »

On a perfectionné aujourd'hui ce système de construction subaquatique; et c'est sans doute cette facilité relative qui a permis aux compagnies de chemins de fer qui convergent à Saint-Louis d'entreprendre le tunnel qui doit relier prochainement les deux rives du Mississipi. Ce tunnel n'aura d'ailleurs que 1 kilom. 20 cent.

Plus audacieux encore, un de nos ingénieurs, M. Thomé de Gamond, a proposé de joindre la France à l'Angleterre par une communication de ce genre. Réussira-t-il à trouver les fonds nécessaires à l'entreprise de ce gigantesque travail? C'est ce dont nous doutons plus que de la possibilité de l'exécution et du talent de l'ingénieur.

VII

LES CABLES SOUS-MARINS.

Non moins difficile que la construction du tunnel de la Tamise a été la réalisation de la grande idée qui tout récemment est venue ajouter un lien de plus à ceux qui existaient déjà entre les membres épars de la famille humaine : la mise en communication des différentes contrées du globe à l'aide de fils électriques posés sur le fond des mers. Contrairement à ce qu'il est naturel de supposer, elle offrait des obstacles que les expériences faites dans l'air n'avaient que partiellement résolus. Pour obtenir la transmission de l'électricité à terre à l'aide d'un fil de métal, il suffit que ce fil soit placé de manière à ce que le courant qui doit le suivre n'ait aucun contact avec le sol. Dans l'eau c'est avec le liquide même qu'il faut empêcher cette communication, quoique l'électricité suive généralement le cuivre avec beaucoup de docilité. Le docteur O'Schaugnessy l'avait prouvé. En 1839, il avait jeté à travers l'Hoogly un fil de cuivre, et la communication qu'il avait établie de la sorte entre Calcutta et son faubourg d'Howrah s'était suffisamment maintenue pour établir le fait. La faculté dont l'eau est douée d'absorber l'électricité n'en restait pas moins une vérité hors de discussion, ce qui imposait la nécessité d'isoler le câble. Ceci fut démontré par des expériences postérieures à celle du docteur O'Schaugnessy. En 1840, l'illustre M. Morse avait immergé un fil dans le port de New-York. M. Colt, l'inventeur du revolver, et M. Robinson avaient également placé des fils allant de New-York à Brooklyn et de Long-Island à Coney-

Island ; ils avaient établi la communication, mais les substances employées par eux pour isoler le fil s'altérèrent à ce point qu'il fallut les abandonner. On cherchait, lorsqu'on découvrit la gutta-percha, et en même temps la propriété isolatrice qu'elle possède à un si haut degré. Elle est, en outre, inaltérable dans l'eau de mer, alors qu'elle reste friable et cassante à l'air et à la lumière. C'est ce qu'établit M. Samuel T. Armstrong en 1848 par une expérience faite dans l'Hudson, expérience répétée le 10 janvier 1849 par M. Walker dans le port de Folkestone.

Ces éléments de réussite assurés, on songea, en 1850, à reprendre une idée émise en 1840 par M. Wheatstone, idée qui consistait à relier les îles Britanniques au continent par Douvres et Calais. Une compagnie se forma à l'instigation de M. Jacob Brett, électricien distingué, et le 28 août 1850 l'Angleterre et la France étaient mises en communication par un fil de cuivre de 45 kilomètres, recouvert d'une enveloppe de gutta-percha de 6 millimètres d'épaisseur. Ce lien, hélas ! ne fut pas de longue durée ; à huit heures du soir, le jour même de l'immersion, le télégraphe devenait muet, par suite de la rupture du fil.

On pouvait s'attendre à cet événement, car un câble placé au fond de la mer, surtout lorsque ce fond se trouve près de la surface, est en butte à plusieurs causes de ruptures. C'est l'une d'elles, l'action mécanique des vagues, qui brisa le fil de M. Brett. Un fabricant, M. Küper, de la fameuse maison Newall et Küper, eut alors l'idée d'entourer le conducteur de cuivre d'un cordage en fil de fer. Adopté par M. Crampton, directeur de la compagnie qui avait succédé à celle de M. Brett, ce câble fut ainsi composé : 1° quatre fils de cuivre de $1^{mm}.1/2$ de diamètre, dans une enveloppe de gutta-percha et entrelacés à quatre cordes de chanvre, le tout formant un cordon de 3 cent. de diamètre aggloméré par un mélange de suif et de goudron; 2° une seconde corde de chanvre, serrée sur le cordon par dix fils de fer galvanisés de 8^{mm} de diamètre. Ce nouveau câble, à la fois souple et solide, ne coûta que 375,000 fr.; il fut immergé en 1851.

Le succès qui suivit cettte opération fut le signal de la grande entreprise dont le résultat est d'avoir couvert le globe de fils électriques; mais il ne faudrait pas croire que tout cela se soit fait d'un coup. Autant de lignes, autant de câbles; car on comprendra qu'un fil de plusieurs centaines de kilomètres ne puisse ressembler à un fil de quelques kilomètres seulement. Et c'est pourquoi la pose de celui qui relie aujourd'hui le nouveau monde à l'ancien a offert tant de difficultés (1). L'expérience a néan-

(1) On peut lire sur ce sujet une belle étude de M. Delamarche, ingénieur hydrographe de la marine impériale.

moins fait ressortir des règles générales, basées sur la nécessité d'isoler l'électricité d'abord, le fil ensuite, et enfin de préserver l'appareil des accidents qui pourraient se produire pendant l'immersion, et, après la pose, au fond de l'Océan. Dans tous les câbles on remarque donc les mêmes principes généraux, savoir : 1° le conducteur central, appelé âme du câble; 2° le revêtement isolateur; 3° l'enveloppe protectrice ou armature extérieure.

La substance la plus parfaite qu'on ait trouvée pour l'âme du câble est, nous l'avons dit, le cuivre; sa durée et sa haute puissance de conductibilité le rendent infiniment plus propre à cet objet que le fer; et si on lui préfère ce dernier pour les lignes aériennes, c'est surtout à cause du prix élevé du cuivre, bien fait pour tenter les voleurs. Dans le principe, pour réunir les fils les uns aux autres, on les soudait à l'argent. Mais cette opération demandait des soins qu'on ne lui accordait pas toujours, en sorte que les accidents se répétèrent si fréquemment, qu'on dut adopter un système : on remplaça le fil unique par un autre faisceau de fils plus fins présentant la même section.

L'armature extérieure ou enveloppe protectrice se compose de fils de fer ou d'acier enroulés en hélice. On l'applique autour de l'âme au moyen de diverses machines très-ingénieuses. Les meilleures peuvent fabriquer environ 400 mètres de câble par heure.

Comme il serait imprudent de placer une matière

telle que le fer ou l'acier en contact immédiat avec la gutta-percha, on entoure l'âme du câble d'une sorte de coussin de chanvre goudronné. Dans quelques cas particuliers, pour faciliter l'immersion en allégeant le câble, on recouvre les fils métalliques eux-mêmes d'une garniture de cette matière; c'est ce qui a été fait pour les lignes de Corse et d'Algérie et pour plusieurs autres qui relient l'Angleterre à l'Irlande et à la Hollande.

Plusieurs fois, en relevant certaines parties de câbles endommagées, on les a trouvées couvertes de coquillages. On a constaté aussi, jusqu'à l'intérieur de la gaîne isolante, la présence de petits animaux perforants. « Pour remédier à ces graves inconvénients, dit un ingénieur électricien, M. Fribourg (1), on recouvre maintenant l'enveloppe extérieure d'une couche de peinture mêlée à une substance toxique, telle que celle qu'on emploie quelquefois pour la préservation des navires en fer. C'est un mélange de bleu de Prusse et de turbith minéral (sous-sulfate de mercure). Il se forme sous l'influence de l'eau de mer un chloro-cyanure de mercure et de sodium qui est un des poisons les plus violents que l'on connaisse. »

Les câbles fabriqués, on les place à fond de cale du vaisseau, en les enroulant en cercles d'un grand diamètre, loin des chaudières, et arrimés de manière à

(1) *Notice sur les Câbles télégraphiques sous-marins.*

charger également le bâtiment, leur déroulement devant s'opérer sans en altérer l'équilibre. Souvent, à défaut d'un vaste espace libre, on les dépose dans deux puits, à l'avant et à l'arrière. Dans ce cas, on déroule alternativement des portions de chacun des deux puits, ou bien on introduit de l'eau au fur et à mesure dans l'un d'eux, et on peut ainsi achever l'immersion d'une des parties avant de commencer l'autre.

Les spires du câble enroulées sont maintenues soit par des sangles en chanvre, soit par des pièces de bois spéciales; plusieurs ouvriers sont exclusivement chargés de les dégager; chacune d'elles est saisie et enlevée très-lestement avec une grande régularité. Le câble passe à travers les guides, puis s'enroule autour de grands treuils munis de freins qui modèrent sa vitesse, et enfin tombe à la mer à l'arrière du bâtiment. Cette opération est importante, car si l'on n'exerçait pas sur les freins une pression suffisante, le câble s'échapperait par son propre poids avec une vitesse supérieure à celle du navire, et par suite il serait inutilement dépensé.

On a fait de nombreux essais de freins, on a même imaginé des appareils automoteurs, mais les mouvements spontanés et inattendus des navires ont dérouté les prévisions des ingénieurs. On est revenu définitivement à confier des freins à la surveillance personnelle d'un ou de plusieurs ouvriers, qui, tout en tenant compte des mouvements du navire, les serrent ou les desserrent suivant les indications d'un dynamomètre indiquant la tension. Quand il y a un fort tangage, l'arrière se soulève et s'abaisse alternativement en entraînant le câble dans son mouvement. Si la machinerie est bien construite et bien installée, si les ouvriers sont assez nombreux et bien exercés, l'opération est simple; mais si la mer devient mauvaise, si les hommes ne peuvent plus se tenir debout sur le pont ou dans la cale, la manœuvre des freins n'est plus possible, surtout par les nuits sombres. D'un autre côté, les spires ne peuvent plus être dégagées régulièrement les unes après les autres, des coques ou nœuds se forment, et le câble se brise. C'est pour éviter le désastre qui suit généralement ces événements qu'on a choisi le *Great-Eastern* pour poser le câble atlantique, ce navire, on le sait sans doute, résistant par sa masse au roulis et au tangage qu'imprime la mer à tous les bâtiments d'une taille ordinaire.

Si nous en croyons M. Tal. P. Shaffner, auteur d'un *Telegraph Manual*, ce serait à M. Samuel T. Armstrong, de New-York, que l'on devrait l'idée première de ce câble. « En 1847, ayant trouvé l'isolation du fil électrique par la gutta-percha, dit-il, il proposa, l'année suivante, de mouiller un câble à travers l'Atlantique. Son devis atteignait 3,500,000 dollars. » M. Shaffner oublie qu'un de ses compatriotes, M. Morse, avait émis la même idée dès 1843.

Quoi qu'il en soit, ce ne fut qu'après le succès de la pose du câble anglo-français qu'il fut permis de songer à traverser l'immense bassin de 3,100 kilomètres qui sépare Terre-Neuve de l'Irlande. En 1854, un ingénieur anglais, M. Gisborne, s'étant associé un riche capitaliste américain, M. Cyrus Field, jeta les bases d'une compagnie pouvant mener à bonne fin la gigantesque entreprise. Ils s'adressèrent d'abord à Maury. L'illustre auteur de la *Géographie de la Mer* approuva l'idée; il engagea néanmoins la compagnie à entreprendre la vérification des sondages précédemment exécutés par le lieutenant de la marine américaine Berryman, travaux qui avaient établi ce fait très-important, que l'océan Atlantique, loin d'être généralement insondable, était en réalité d'une profondeur capable d'être reconnue, et uniforme dans la plus grande partie de l'espace qui sépare l'Irlande de la côte de Terre-Neuve. « Une sorte de plateau déprimé existe presque dans tout le parcours, commençant à environ 250 milles de la côte irlandaise, et se terminant à environ 400 milles de la côte américaine, disait son rapport. Sur une distance de plus de 1,000 milles marins, la profondeur moyenne de ce plateau est de 12,000 pieds, et à une seule exception (qui se rencontre à moitié route), il n'y a pas de différence de niveau arrivant à 2,000 pieds; aux deux extrémités il y a une élévation subite et très-considérable correspondant à des falaises sous-marines très-escarpées, s'élevant, du côté européen, à 7,000 pieds sur une étendue de très-peu de milles, et, du côté américain, à 4,000 pieds sur une étendue d'environ 50 milles. » Ce rapport constate, en outre, que le fond consistait, pour la plus grande partie, en vase peu solide.

Armée de ce travail, la compagnie s'adressa à l'amirauté anglaise, qui mit à sa disposition le *Cyclops*, commandé par M. Joseph Dayman, lequel consacra à la vérification des sondes du lieutenant Berryman les mois de juin et juillet 1857.

L'existence du plateau bien établie et la profondeur de l'eau reconnue et fixée à une moyenne de 10 et 12,000 pieds (1), l'immersion fut résolue et le câble fabriqué et embarqué.

La frégate américaine *Niagara,* de 5,000 tonneaux, et le vaisseau anglais *Agamemnon,* de 3,200 tonneaux, se partagèrent le chargement. Il avait été convenu que les deux bâtiments se rendraient ensemble de Valentia à Terre-Neuve, et que dès que l'un d'eux aurait effectué l'immersion de son câble, une jonction serait faite avec la partie chargée à bord de l'autre; mode de voyage bien imprudent,

(1) Dans un seul endroit, entre le 32e et le 33e degré de longitude O., la profondeur est de moins de 10,000 pieds, et un peu vers l'E., par le 26e degré de longitude O., existe la seule grande dépression; en cet endroit l'eau atteint une profondeur de 15,000 pieds.

puisqu'en cas de mauvais temps au moment de la jonction on s'exposait à perdre la moitié du câble.

L'expédition se composait en outre de la corvette américaine *Susquehannah*, de la corvette anglaise *Leopard*, et enfin de la frégate anglaise *Cyclops*, spécialement chargée des travaux hydrographiques et du tracé de la route. La flottille quitta Valentia le 7 août 1867, et le câble se déroula avec succès jusqu'au 11 août; alors il se rompit par une profondeur de 3,600 mètres.

On a prétendu, à propos de cette rupture, que ce fut le poids du câble qui amena l'accident; c'est une erreur; et dans le récit qu'il a fait de cette expédition, M. Delamarche a parfaitement démontré que c'est par suite du système adopté pour la pose, qui était mauvais, et de l'infériorité de la machinerie en général.

La prudence aurait dû conseiller de choisir d'autres méthodes; mais on eut trop d'impatience, et au printemps de 1858 le câble fut replacé à bord. On recommença l'opération, cette fois en partant du milieu de l'Océan, entre l'Irlande et l'Amérique. Deux essais infructueux eurent lieu encore; enfin, le 17 juillet on repartit, et le 5 août la pose du câble était terminée avec succès; les deux continents étaient reliés.

On se souvient de l'impression que cette réussite produisit à Londres et à New-York. Des deux côtés de l'Atlantique ce fut un délire. Il y eut des meetings monstres, des processions de jour, des fêtes de nuit, des promenades aux flambeaux pour célébrer le grand événement. Les journaux ont même raconté que les New-Yorkais, dans un excès d'allégresse, avaient mis le feu à leur hôtel de ville. La reine Victoria et le président des États-Unis échangèrent des dépêches, et la première phrase qui traversa l'Océan sur l'aile de l'électricité fut un hymne de paix : « Gloire à Dieu dans le ciel, et paix sur la terre aux hommes de bonne volonté. »

Mais ces cris de réjouissance avaient à peine cessé de retentir, qu'on apprenait la nouvelle subite et inattendue que les signaux étaient devenus inintelligibles. Le 9 août l'opérateur de Terre-Neuve commença à ne plus rien comprendre aux dépêches qu'on lui expédiait, et quelques jours après, le 14, les signaux, qui lui venaient à peine dessinés, finirent par ne plus arriver du tout.

Ces insuccès multipliés ne découragèrent pas nos voisins. Immédiatement un troisième câble fut fabriqué sur un plan nouveau, et quand revint le printemps, le *Great-Eastern* reprit la mer. Le *Terrible,* navire de guerre à vapeur, et deux autres steamers à hélice, *Albany* et *Medway*, chacun de 1,800 tonneaux, accompagnaient le colossal bâtiment. L'un devait se tenir à sa droite, l'autre à sa gauche, tous deux prêts à mouiller des bouées ou à obéir sans retard au premier signal du chef de l'expédition. Le *Terrible* avait pour mission de servir de guide.

La petite escadre avait été précédée par le *William Cory*, un bateau à vapeur bien connu par les nombreuses opérations télégraphiques auxquelles il a contribué. Le 13 juillet 1866, la soudure ayant été faite entre le gros câble qui allait de la haute mer à terre, la petite escadre commença son opération, qui ne fut marquée que par des incidents de peu d'importance. Enfin, le 27, on mouillait au milieu de la baie de la Trinité, où le câble spécial préparé pour l'atterrissement était soudé au grand câble. Les deux mondes communiquaient de nouveau !

Ce n'est pas tout, le *Great-Eastern*, ayant renouvelé ses approvisionnements de charbon et de vivres, se rendit sur le point où lors de la campagne précédente le câble s'était rompu, et s'occupa de le retrouver. Vingt jours de pénibles et fastidieuses recherches furent employés à ce travail, qui fut couronné de succès. Repêché à 1,300 kilomètres de Terre-Neuve, le câble de 1865 fut complété jusqu'à la côte d'Amérique ; ce qui porte à 3,775 le nombre des milles de fils qui unissent aujourd'hui l'ancien au nouveau continent (1).

Ajoutons que le câble, qui, au commencement de

(1) La longueur totale des câbles sous-marins s'élevait à la fin de 1866 à 6,000 milles marins ou 1,111 myriamètres.

la pose, ne donnait qu'un mot et demi par minute, donne aujourd'hui six mots en moyenne. Or, la durée du travail quotidien est de vingt heures. En un jour de vingt heures, ou douze cents minutes, on peut donc transmettre sept mille deux cents mots ou trois cent soixante dépêches, disons trois cents. Par suite, lorsque la dépêche de vingt mots coûtait 500 fr., la recette pouvait s'élever, en n'utilisant qu'un seul câble, à 150,000 fr. par jour, soit par an 54 millions. Le prix du télégramme est aujourd'hui réduit de moitié; mais comme les deux câbles fonctionnent, les produits restent les mêmes. Cette œuvre colossale ayant coûté, depuis l'origine, 12 millions une première fois, 15 millions ensuite, et enfin 15 autres millions, total 42 millions, les recettes de la première année ont suffi pour couvrir le capital dépensé.

Tel est, au moment où nous écrivons, l'état de la science qui a pour objet la télégraphie sous-marine. On ne saurait guère demander plus aux ingénieurs qui la représentent. Il est permis de se montrer plus exigeant vis-à-vis des gouvernements qui, ayant entre les mains un élément de civilisation aussi remarquable que la télégraphie électrique, ne lui ont pas donné tous les développements qu'elle comporte; mais soyons justes envers ceux qui ne marchandent point les subsides aux entreprises dont la mer est le théâtre, et reconnaissons en terminant que depuis la seconde moitié de ce siècle, l'Angleterre, les États-Unis et la France ont fait, non-seulement pour la télégraphie, mais pour assurer la navigation, à l'aide de travaux hydrographiques et hydrauliques, autant qu'on doit leur en demander. Qu'elles persistent, car tout ce qui est fait dans cette voie appartient au genre humain et demeure, tandis que ce qui n'est élevé qu'à la gloire des hommes et des nations vit ce que durent les nations et les hommes, à peine quelques siècles, ce qui n'est rien.

VIII

LES PLONGEURS.

Si la connaissance et l'exploitation des fonds marins datent des progrès tout récents de certaines sciences, les efforts faits pour atteindre le but remontent très-haut. N'est-il pas naturel de supposer que la mer ayant laissé sur ses rivages quelques coquillages, des pêcheurs les ramassèrent et les portèrent à la ville voisine, où les perles qu'ils contenaient causèrent l'admiration de toutes les femmes — voire même de beaucoup d'hommes? Cette découverte imprévue éveilla vraisemblablement la cupidité des pêcheurs, qui, dès lors, rêvèrent au moyen de descendre jusqu'au lit sur lequel reposaient les bivalves fortunés. Ils savaient nager ; ils mirent à profit leur habileté, et firent comme les poissons : ils plongèrent. Nous dirons plus loin comment quelques-uns se rendirent fameux dans l'art qu'ils venaient de créer. Mais aucun cependant, si bien doué qu'il fût, ne put lever le grand obstacle qui sépare le monde terrestre du monde des eaux : la possibilité de respirer. Il est admis que le maximum de temps qui nous est accordé par la nature pour conserver notre respiration est de deux minutes au plus; encore est-il nécessaire que cet exercice nous soit familier. Ainsi on a vu des hommes ne pouvoir se passer de respirer aussi longtemps, et rendre l'âme une demi-minute après avoir été privés d'air. D'autres, au contraire (on le dit du moins), tombés à l'eau, y seraient demeurés deux jours entiers, et cependant auraient été rappelés à la vie. Pausanias affirme que le célèbre plongeur Scyllis, de Sicyone, aurait fait sans reparaître sur l'eau un trajet de 80 stades. De nos jours on a cité complaisamment un Espagnol, Francisco de la Vega, qui aurait passé cinq années au fond de l'eau (de 1674 à 1679), y vivant de poisson. Plus récemment (1800), un sérieux officier de la marine britannique, Percival, dans son *Voyage à Ceylan*, prétendait qu'il y avait des exemples de plongeurs étant restés quatre et même cinq minutes au fond de l'eau, « ce que j'ai vu faire à un jeune Cafre, dit-il, la dernière année que j'assistai à la pêche des perles. On ne connaît personne qui y ait passé un plus long espace de temps qu'un plongeur qui vint d'Anjango en 1797, et qui s'y tint six minutes. » Gabriel Ferry, parlant à son tour des plongeurs de la mer Vermeille, assure qu'il « n'est pas rare de voir ces hommes rester trois à quatre minutes sous l'eau. » Mais personne n'ignore que Ferry était un romancier, et que la seule chose qui ne dût pas lui être permise c'est de ne point exagérer.

On conçoit que lorsque des contemporains n'hésitent pas à débiter de telles fables, les anciens aient eu si peu de scrupule à mentir. Si les esprits positifs ont perdu à cette façon d'examiner les faits scientifiques, ceux que séduisent les œuvres de l'imagination y ont gagné; et parmi les plus sévères il en est peu — s'il y en a — qui oseraient jeter la pierre à Pausanias — non plus qu'au P. Kircher, qui a rapporté une histoire de plongeur plus invraisemblable encore. On le fera d'autant moins que c'est son récit qui a servi de thème à la ballade de Schiller, ce qui est quelque chose.

L'homme dont le P. Kircher nous donne la biographie était Italien; il se nommait Nicolas, et on l'avait surnommé le *Poisson,* en raison de ses prouesses nautiques. « Telle était son organisation, dit le naïf polygraphe, qu'il lui arrivait fréquemment de demeurer jusqu'à cinq jours et cinq nuits dans l'eau. » Il est vrai que pour lui faciliter le séjour de l'élément liquide, la nature l'avait doué d'une façon particulière. « Entre les doigts de ses mains et de ses pieds, dit-il, il avait une membrane semblable à celle qui garnit les pattes du canard, et ses poumons étaient si larges qu'avec une seule aspiration il les remplissait d'air pour un jour entier. » Sa renommée ayant pénétré jusque dans le palais du roi Frédéric Ier de Sicile, celui-ci voulut voir le merveilleux Nicolas, auquel il demanda s'il oserait plonger dans le tourbillon de Charybde, le Galofaro des modernes.

Nicolas vit tout le danger auquel on l'exposait, et voulut d'abord le représenter au roi; mais le désir de montrer son talent vainquit bientôt son hésitation, et il accepta le défi. L'heure de l'épreuve ayant sonné, Frédéric, accompagné de ses courtisans, se rendit au bord de l'abîme, et, pour encourager Nicolas, jeta une coupe d'or dans la mer. « Le *Pesce* s'avance sur la pointe du rocher qui domine le gouffre, dit Schiller, Charybde rejette l'onde, un instant dévorée, qui dégorge de sa gueule profonde avec le fracas du tonnerre. Les eaux bouillonnent et grondent comme travaillées par le feu; l'écume poudreuse rejaillit jusqu'au ciel, et les flots sur les flots s'entassent, comme si le gouffre ne pouvait s'épuiser, comme si la mer enfantait une mer nouvelle. »

Nicolas n'est point effrayé, et se précipite dans le tourbillon, entraînant avec lui tous les cœurs et tous les regards. Trois quarts d'heure se passèrent dans l'attente; on le croyait perdu. Enfin « des flots noirs s'élève comme un cygne éblouissant; bientôt on distingue un bras nu, de blanches épaules qui nagent avec vigueur et persévérance...; c'est lui! De sa main gauche il élève la coupe en faisant des signes joyeux (1). »

Frédéric questionna le *Pesce* sur cet abîme, où nul mortel n'avait pénétré avant lui. « Je fus entraîné d'abord par le courant avec la rapidité de l'éclair, répondit Nicolas (par la voix de Schiller), lorsqu'un torrent impétueux, sorti du cœur du rocher, se précipita sur moi; cette double puissance me fit longtemps tournoyer comme le buis d'un enfant; elle était irrésistible. Dieu, que j'implorais dans ma détresse, me montra une pointe de rocher qui s'avançait dans l'abîme; je m'y accrochai d'un mouvement convulsif, et j'échappai à la mort. La coupe était là, suspendue à des branches de corail qui l'avaient empêchée de s'enfoncer à des profondeurs infinies; — car au-dessous de moi il y avait encore comme des cavernes sans fond, éclairées d'une sorte

(1) Schiller.

de lueur rougeâtre, et, quoique l'étourdissement ait fermé mon oreille à tous les sons, mon œil aperçut avec effroi une foule de salamandres, de reptiles et de dragons qui s'agitaient d'un mouvement infernal. — C'était un mélange confus et dégoûtant de raies épineuses, de chiens marins, d'esturgeons monstrueux et d'effroyables requins, hyènes des mers, dont les grincements me glaçaient de crainte; et j'étais là, suspendu avec la triste certitude d'être éloigné de tout secours, seul être sensible parmi tant de monstres difformes, dans une solitude affreuse où nulle voix humaine ne pouvait pénétrer, tout entouré de figures immondes. — Et je frémis d'y penser..... En les voyant tournoyer autour de moi, il me sembla qu'elles s'avançaient pour me dévorer..... Dans mon effroi j'abandonnai la branche de corail où j'étais suspendu : au même instant, le gouffre revomissait ses ondes mugissantes; ce fut mon salut, elles me ramenèrent au jour. »

Ce récit, loin de calmer la curiosité de Frédéric, ne fit que l'exciter. Entrevoyant d'autres merveilles, il voulût que le *Pesce* retournât dans l'abîme. Mais celui-ci, sachant qu'il ne devait son succès qu'à un hasard, refusa de tenter de nouveau la fortune. Le roi le pressa, et lui montra une coupe plus belle encore que la première ; il y joignit sa bourse, qui était toute pleine d'or. A cette vue, la résolution du pauvre pêcheur faiblit. Il fait un geste d'assentiment;

la coupe et la bourse disparaissent dans les flots, et avec elles le *Pesce*.... « La vague rugit et s'enfonce, reprend Schiller... Bientôt elle remonte avec le fracas du tonnerre... Chacun se penche et y jette un regard plein d'intérêt : le gouffre engloutit encore et revomit les vagues qui s'élèvent, retombent et rugissent toujours....; mais sans ramener le plongeur. »

IX

LE SCAPHANDRE.

L'impossibilité de respirer dans l'eau étant bien établie, on songea naturellement à envoyer au nageur l'air qui lui manquait dans l'élément liquide. Pour cela on établit simplement une communication entre l'air et le plongeur. Le fait est attesté par l'auteur que Roger Bacon, l'inventeur de la lanterne magique, dans ses *Secrets de la Nature*, nomme le Moral Astronome. Cet anonyme rapporte qu'Alexandre-le-Grand « se servit de machines avec lesquelles on marchait sous l'eau, sans péril de corps, ce qui permit à ce prince d'observer les secrets de la mer. » Bacon ayant été soupçonné d'avoir imaginé ce Moral Astronome, on a nié tout ce qu'il avait dit. Heureusement pour l'honneur de Roger Bacon,

Aristote est là, qui dans ses *Partibus animalium* parle très-clairement d'un instrument qu'il compare à la trompe de l'éléphant, et dont quelques plongeurs faisaient usage pour recevoir de l'air lorsqu'ils étaient sous l'eau. Cet engin ne saurait être autre chose que celui qui a été nommé depuis *cornemuse* ou *capuchon du plongeur*.

Après Aristote nous perdons la trace de ce qui devait se nommer plus tard le *scaphandre*. Il nous faut aller jusqu'au XIIe siècle pour le retrouver dans Bohadin, auteur arabe. Cet écrivain prétend qu'un plongeur de sa nation portait, à l'aide de machines qu'il nomme *soufflets*, des lettres et des sommes considérables dans la ville de Ptolémaïs, assiégée par les Croisés.

Dans une édition latine de Végèce, éditée à Paris en 1535, et dans une traduction française du même, publiée l'année suivante chez le même libraire, on trouve plusieurs figures de machines à plonger. La première représente un homme ayant un vêtement qui lui enveloppe assez exactement le corps et les membres; ce vêtement n'a qu'une ouverture par le devant, laquelle est cousue ou agrafée avec soin; un grand vase, en forme de flacon de Florence, est appliqué à sa bouche pour l'aider à respirer sous l'eau. D'autres figures représentent des soldats armés dont l'un saisit un poisson; l'autre combat un monstre; ces soldats ont la tête et la poitrine entourées d'un capuchon terminé par un tuyau flexible dont l'extrémité supérieure est soutenue à flot par une outre pleine de vent. Ces illustrations, hâtons-nous de le dire, n'ont aucune relation avec le texte de Végèce; le traducteur ne les a même pas accompagnées d'un texte explicatif, ni pris le soin de dire ce que les armes à feu qu'on y voit viennent y faire. Cela importe peu d'ailleurs; ce qu'il faut constater c'est la connaissance des machines à plonger au XVIe siècle.

En 1663, c'est un Anglais, William Phipps, qui attire de nouveau et très-brillamment l'attention sur les machines à plonger. La vocation pour les recherches sous-marines s'était révélée chez lui à propos du naufrage d'un bâtiment espagnol sur la côte d'Hispaniola. Comme ce navire était chargé d'or, il se demanda s'il ne serait pas possible de sauver au moins quelque chose de sa riche cargaison. Il pesa les difficultés qu'offrait l'entreprise, et il paraît qu'elles n'étaient pas insurmontables, car le roi Charles II s'intéressa à son projet. Pour en faciliter l'exécution, il lui prêta même un vaisseau. Phipps ne réussit point; mais ses tentatives lui avaient donné le goût de ce genre de travail. Il s'adressa à tous ses compatriotes (1667) et leur offrit de s'associer à ses efforts, qui, cette fois, furent couronnés de succès. Phipps revint en Angleterre avec une somme de 200,000 livres, sur lesquelles il garda 20,000 livres; le reste fut distribué à ses actionnaires. Pour sa part, le duc d'Albemarle, qui s'était associé le plus largement avec Phipps, reçut 90,000 livres. Le roi, considérant l'heureux plongeur comme le fondateur d'une industrie nouvelle et capable d'enrichir le pays qu'il gouvernait, s'exécuta magnifiquement. Phipps fut nommé chevalier et fonda la noble famille de Mulgrave, dont le rôle a été trop saillant dans l'histoire de la Grande-Bretagne, pour qu'on la chicane sur son origine : Phipps n'était que le fils d'un simple forgeron. En cette qualité il dut vraisemblablement se servir de quelque appareil que ses connaissances spéciales lui permettaient d'imaginer; mais ses contemporains ne le décrivent point.

Au siècle suivant (1721), nous trouvons d'abord l'appareil de J. Lethbridge, appareil en forme de tonneau, avec des trous pour passer les bras et un verre pour voir au dehors; malheureusement, pour travailler, il était nécessaire que le plongeur se couchât à plat ventre; il fallait aussi le ramener souvent à la surface. Puis c'est la *cuirasse de liége*, de Bachstrom, directeur des fabriques de la duchesse de Radziwill (1741); puis la *soubreveste de liége* du sieur Bonal, de Dieppe (1750); l'*habit de mer* de Gelaci, présenté à l'Académie des sciences en 1757; la *jaquette* de l'Anglais Wilkinson, dont parle le commodore Byron dans son *Voyage autour du monde*; la *ceinture de liége* du comte de Puységur, les *coffres* d'Ozanam, et enfin le *scaphandre* ou *bateau de l'homme*, de l'abbé de la Chapelle, qui nous paraît résumer fort bien ce que les inventions de ses prédécesseurs pouvaient avoir de pratique.

L'idée lui en vint en 1769. Jusqu'alors le bon abbé s'était peu occupé de sauvetage : toutes ses études s'étaient portées sur la ventriloquie ; mais, en cette année, raconte-t-il, frappé du nombre considérable de morts causées par les naufrages, il chercha le moyen de remédier à ces accidents : de là son scaphandre.

Nous en avons le dessin et la description sous les yeux, et, avec la meilleure volonté, il nous serait difficile de retrouver le scaphandre actuel dans celui de l'abbé de la Chapelle, qui consiste simplement en un gilet de coutil ou de toile de gros chanvre doublé de liége ; une sorte de ceinture de sauvetage comme on voit. Plein de foi dans son invention, le digne abbé en recommande particulièrement l'usage aux officiers du génie militaire. Il leur propose de revêtir de plastrons sembables les hommes employés à la reconnaissance des places de guerre ceintes de fossés ; le plastron en liége était alors à double fin : il permettait la marche dans l'eau et préservait des coups de sabre ou de fusil. Dans ce cas spécial, il recommandait même l'emploi d'un casque en liég revêtu de fer-blanc ; ce casque était utilisé comme dépôt de munitions de toute espèce. Propre aux travaux guerriers et maritimes, son appareil pouvait encore être utilisé, dit son inventeur, « pour l'amusement de l'un et de l'autre sexe, pour la santé des hommes et des femmes, pour la chasse et la pêche, pour apprendre à nager tout seul, etc. »

L'abbé de la Chapelle, comme le plus grand nombre des inventeurs, sinon tous, se faisait les plus grandes illusions sur les perfections et les résultats de son invention. « Mais il faut le reconnaître, dit à ce propos un écrivain fort compétent en matière de sauvetage, M. l'enseigne de vaisseau Eveillard, l'un des héros du naufrage du *Duroc,* c'était là le scaphandre actuel à l'état embryonnaire, et la reconnaissance due à ceux qui, en travaillant aux perfectionnements des appareils de ce genre, sont arrivés à une solution pratique, qui touche aux questions d'humanité, doit remonter jusqu'à lui (1). »

Ces perfectionnements consistèrent d'abord en une sorte d'armure ou enveloppe creuse qui entoura le corps du plongeur. Elle était pourvue de deux tuyaux. L'un de ces tuyaux apportait tant bien que mal l'air extérieur, l'autre renvoyait l'air inspiré. Malheureusement, à une profondeur de 6 mètres cette machine ne pouvait plus servir. L'eau comprimait tellement les membres restés à découvert, que

(1) *Études sur l'Exposition de* 1867. Chez Lacroix.

la circulation s'y arrêtait; et elle exerçait de plus une si forte pression sur l'armure, que, s'il se trouvait le plus léger défaut à la réunion des pièces qui la composaient, le liquide s'y introduisait et la remplissait, au grand péril de l'homme qu'elle contenait.

C'est alors que Klingert, de Breslau, revêtit le plongeur d'un vêtement imperméable (1797), ce qui lui permit de descendre jusqu'à 7 mètres ; mais son appareil était tellement compliqué, qu'on dut renoncer à s'en servir. Klingert, comme la plupart des chercheurs qui l'avaient précédé, était un homme instruit et ingénieux ; ce n'est donc pas la connaissance de la mécanique qui lui manquait. Ce qui lui faisait défaut, c'est une observation suffisante du phénomène de la condensation de l'air, phénomène dont Mariotte et Boyle avaient donné la formule plus d'un siècle avant Klingert, mais à laquelle personne n'avait fait attention tout d'abord. Plus tard, on examina plus attentivement les écrits des deux savants, dont on fit passer les théories dans la pratique. Et, si nous ne nous trompons, c'est à Smeaton, l'illustre architecte du phare d'Eddystone, que doit revenir cet honneur (1779).

Ces éléments transportèrent la question des scaphandres sur un terrain nouveau. Le plongeur fut enveloppé d'un vêtement imperméable, et sa tête fut emprisonnée dans un casque auquel on souda un long tuyau par lequel on lui envoya de l'air comprimé, à l'aide d'une pompe. Dans cette voie les inventeurs ont été nombreux, et nous pourrions nous étendre sur les efforts de MM. Beaudoin, des Andelys (1827), Siëbe (1829), Ch. et J. Deans, Sadler, Paulin, Heinke et Siebe, de Londres, Cabirol, de Paris, et décrire enfin le scaphandre généralement adopté en France aujourd'hui, c'est-à-dire celui de MM. Rouquayrol, ingénieur des mines, et Denayrouze, officier de marine. Cela nous mènerait trop loin. Nous préférons emprunter à l'un de nos plus aimables écrivains, à M. Alphonse Esquiros, la curieuse expérience qu'il a faite de cet engin.

S'étant rendu en pleine mer, non loin de Douvres, où travaillaient les *divers* (plongeurs), on le revêtit du scaphandre, et il commença sa descente. « L'échelle me parut bien longue, raconte-t-il, quoiqu'il y eût à peine 8 ou 10 pieds entre le bord du bateau et la mer; mais le moment terrible est celui où l'on touche la surface des vagues : quoique l'Océan fût calme ce jour-là comme un lac, je me sentis battu et soulevé, malgré mes poids de plomb, par le mouvement naturel des eaux roulant les unes sur les autres. Ce fut bien pis lorsque j'eus la tête sous les lames et que je les vis danser au-dessus du casque. Avais-je trop d'air dans l'appareil, ou n'en avais-je point assez? Il me serait bien difficile de le dire : le fait est que je suffoquais. En même temps je sentis comme une tempête dans mes oreilles, et mes deux tempes semblaient serrées dans les vis d'un étau. J'avais en vérité la plus grande envie de remonter, mais la honte fut plus forte que la peur, et je descendis lentement, trop lentement à mon gré, cet escalier de l'abîme qui me semblait bien ne devoir finir jamais : il n'y avait pourtant que 30 ou 32 pieds d'eau dans cet endroit-là. A peine avais-je assez de présence d'esprit pour observer autour de moi les dégradations de la lumière : c'était une clarté douteuse et livide qui me parut beaucoup ressembler à celle du ciel de Londres par les brouillards de novembre. Je crus voir flotter çà et là quelques formes vivantes sans pouvoir dire exactement ce qu'elles étaient; enfin, après quelques minutes qui me parurent un siècle d'efforts et de tourments, je sentis mes pieds reposer sur une surface à peu près solide. Si je m'exprime ainsi, c'est que le fond de la mer lui-même n'est pas une base très-rassurante, on se sent à chaque instant soulevé par la masse d'eau, et pour ne point être renversé je fus obligé de saisir l'échelle avec les mains. Il me manquait d'ailleurs un instrument essentiel : les plongeurs, pour assurer leur marche dans l'Océan, se servent volontiers d'un levier, *crowbar,* sur lequel ils s'appuient comme sur une canne; mais n'étais-je point assez encombré déjà sans cette barre de fer, qui ne m'eût d'ailleurs été d'aucune utilité? Mon intention n'était nullement de me promener, j'étais bien trop consterné par l'effrayant silence et la morne solitude de ces eaux où je me trouvais comme perdu. La lumière me parut d'ailleurs beaucoup plus vive qu'au milieu des vagues, et mes douleurs de tête cessèrent comme par enchantement. Voulant rapporter une preuve et un souvenir de mon excursion, je me baissai pour ramasser un caillou au fond de la mer. J'allais le mettre dans la poche de mon habit, quand je m'aperçus que je n'avais point de poche et qu'il me fallait le serrer dans ma ceinture. Ceci fait, je donnai le signal pour qu'on me hissât à la surface. »

M. Esquiros fait remarquer avec raison que le scaphandre se prête mieux que la cloche à certains ouvrages d'architecture sous-marine; qu'il lui est encore supérieur pour la réparation des coques immergées des navires, pour l'entretien des mines. Nos voisins en font surtout usage pour ressaisir les richesses englouties par la mer. « En 1844, dit M. Esquiros, une troupe de *divers* fut employée à retrouver les restes du *Royal-Georges*, vaisseau de 104 canons, qui avait fait naufrage en 1782 à Spithead, dans 90 pieds d'eau. Les manœuvres étaient commandées par le général Pasley. Deux soldats de l'armée, qui avaient échangé pendant ce temps-là l'habit militaire contre le casque et l'uniforme de plongeur, se prirent de querelle au fond de l'Océan à propos d'une question de propriété. Comme ils travaillaient tous les deux sur le même débris de naufrage, ce fut à qui resterait maître du terrain et s'emparerait des dépouilles. Il s'ensuivit un combat durant lequel l'un des plongeurs donna un coup de poing à son adversaire sur la visière du casque et brisa ainsi la glace. On fut dès lors obligé de le remonter à la surface, tandis que l'autre fit main basse sur le butin. Quand les recherches furent épuisées et qu'on voulut activer le travail de dépècement, on plaça dans les parties massives du navire des charges de poudre auxquelles on mettait le feu par le moyen d'une batterie voltaïque. Chaque fois qu'on faisait sauter la mine, l'eau se soulevait en une sorte de plein-cintre qui se brisait ensuite par le milieu. Ceux qui ont assisté à ces travaux assurent que c'était une des scènes les plus émouvantes qu'on puisse voir. A la suite de chacune de ces explosions, des poissons, des morceaux de bois, des algues de toutes les nuances flottaient à la surface de la mer. Quoique mille personnes eussent péri dans ce naufrage et que le vaisseau fût très-chargé, on y trouva fort peu d'argent ; mais on retira d'entre les ruines vingt-trois pièces d'artillerie. Le bois de la carcasse fut vendu, selon l'usage, pour tourner des tabatières et toutes sortes d'ornements recherchés des curieux (1). »

(1) J'ai vu chez M. Siebe de sombres et intéressantes reliques arrachées dans cette occasion au lit de la mer ; le tibia d'un marin, un moulin à café, une tasse, une cuiller d'argent, un foulard, une vieille pipe, une bouteille de vin à la-

Il est naturel de se demander comment sont généralement conduites en Angleterre ces entreprises où l'on se propose de reconquérir des richesses perdues. Quand un navire a été submergé, une des grandes sociétés d'assurances maritimes, par exemple la *Lloyd's Society*, fait explorer pour son propre compte le théâtre du sinistre et retirer par deux ou trois plongeurs du fond de la mer le plus gros du butin. Le champ du naufrage est ensuite vendu à une compagnie qui glane à ses risques et périls dans cette moisson des tempêtes. C'est ainsi que la partie des eaux dans laquelle le *Royal Charter* avait sombré fut vendue, il y a quelques années, pour une somme de 25,000 fr. La spéculation fut excellente; les ouvriers recouvrèrent à plusieurs reprises des sommes considérables, une barre d'or pur pesant neuf livres et demie, et enfin un jour (heureux jour!) un coffre contenant à lui seul 75,000 fr. Ce chantier de travail sous-marin est une sorte de loterie où chacun des plongeurs cherche à gagner le gros lot. Lorsque le navire s'est englouti dans un lit sablonneux, il peut se conserver plus ou moins intact pen-

quelle s'étaient incrustées des écailles d'huîtres, etc.; mais ce qui me frappa le plus, c'est une crosse de mousquet rongée par les vagues. Voilà ce que fait la mer des armes sur lesquelles l'homme compte pour sa défense! Cette collection de curiosités doit être envoyée incessamment au Kensington-Museum. (*A. Esquiros.*)

BIBLIOTHÈQUE NATIONALE RF IMPRIMÉS

dant quelque temps. La lumière dépend beaucoup de la profondeur et de la nature des eaux, mais en général cette clarté crépusculaire suffit bien à diriger les mouvements des plongeurs autour du bâtiment coulé à fond. Il n'en est plus du tout de même lorsque, montés sur le pont, ces intrépides chercheurs veulent se frayer un chemin vers les principales cabines; là tout est noir, horrible, désolé : il leur faut marcher à tâtons, comme les aveugles. « Dans les grands vaisseaux, dit M. Esquiros, où les escaliers sont raides et profonds, où les cabines s'étendent dans de longs corridors sombres, le danger est que le plongeur n'entortille son tube à air autour de quelque objet malencontreux et ne suspende ainsi pour lui-même la source de la vie. Comment surtout retrouver son chemin dans cette nuit pour revenir sans encombre à la lumière! Il se peut que le plongeur ait saisi dans un coin mystérieux la précieuse cassette, il la tient tout triomphant dans ses bras; mais à quoi bon, s'il n'est point à même de découvrir l'escalier par lequel il est descendu? Des masses froides, informes, ténébreuses, flottent autour de son casque; ce sont les cadavres des noyés. Est-il assez heureux pour se dégager de ces obstacles et pour reconnaître sa route, il envoie à la surface le trésor qu'il vient de trouver, puis retourne chercher fortune dans les flancs caverneux du navire. Le courage de ces hommes n'a d'égal au monde que leur persévérance. Je demandais à l'un d'eux s'il ne craignait pas de s'embarrasser dans les tas de câbles au fond de ces noirs labyrinthes; il me répondit : « Quand on craint, on ne se fait point plongeur. » Il s'en trouve dans le nombre qui possèdent une sorte de seconde vue pour aller droit au trésor caché : on appelle cela « avoir du flair au bout des mains. » Tous ne sont pas également heureux, mais tous disputent bravement aux flots ces richesses sur lesquelles plane l'image hideuse de la mort. — Des différents travailleurs qui sont en commerce avec la mer, le plongeur est peut-être celui qui assiste aux scènes les plus mélancoliques. Un *diver* qui avait exploré en 1865 les débris d'un vaisseau naufragé près des côtes de l'Écosse, *le Dalhousie*, racontait un sombre épisode de l'histoire de l'abîme. Chaque fois qu'il descendait dans la grande cabine, il trouvait une mère à genoux dans l'attitude de la prière et serrant ses deux enfants entre ses bras, tandis que d'autres cadavres étaient restés accrochés avec les ongles aux poutres du plafond. Ces tristes spectacles ne sont pas rares dans la vie du plongeur. Un autre de ces ouvriers sous-marins qui avait été occupé à fouiller un navire échoué sur les côtes de l'Irlande disait à M. Siebe qu'il entrait souvent dans une cabine et s'arrêtait à regarder dans une des cases, *berths*, une jeune femme aux longs cheveux dénoués que le mouvement de l'eau faisait flotter comme des algues.

« Je me serais bien gardé, ajoutait-il, de la troubler dans son sommeil ni de la déranger de sa couche; où aurait-elle pu trouver une plus paisible tombe (1)? »

Les sommes d'argent retirées à plusieurs reprises du fond de la mer s'élèvent en Angleterre à un chiffre énorme. Lorsque lord Elgin se rendait aux Indes, le bateau à vapeur *Colombia* fit naufrage vers 1850 contre la pointe de Galles. On envoya sur les lieux des plongeurs qui, à l'aide de l'appareil de M. Siebe, recouvrèrent non-seulement l'argent, mais encore les papiers et les dépêches de sa Seigneurie. Un autre *steamer*, construit pour braver le blocus américain et fourni d'un mécanisme très-coûteux, avait sombré au printemps de 1865, près de l'île Lundy. Un ingénieur, M. Mc Duff, de Portsmouth, descendit revêtu du scaphandre au fond de l'Océan, démonta pièce à pièce toutes les machines et les renvoya à la surface. Il travaillait de la sorte six heures par jour avec autant de sang-froid que s'il eût été

(1) On me parlait aussi dernièrement d'un jeune militaire dont la fiancée avait péri dans un naufrage en revenant d'Australie. Ayant entendu dire que des plongeurs occupés à rechercher les restes du navire y avaient trouvé une jeune personne morte, il se familiarisa avec leurs pratiques et descendit au fond de la mer. Là, dans une cabine, il découvrit en effet une jeune morte embaumée par l'eau de la mer qui laissait pendre de sa case une main à laquelle brillait l'anneau de fiancée. C'était bien *elle*, et il eut du moins la consolation de la revoir une dernière fois. (*A. Esquiros.*)

dans son atelier : il se trouvait pourtant sous quarante-deux pieds d'eau, et en outre le fond de la mer était souvent troublé par des oscillations qui venaient du détroit. Un bâtiment appartenant à l'une des plus riches sociétés maritimes de l'univers, *Peninsular and oriental steam company*, le *Malabar,* ayant échoué en 1860, reposait depuis plusieurs mois au fond de l'abîme, quand des plongeurs équipés du casque et de l'appareil de M. Heinke retrouvèrent la somme entière que portait ce navire (7 millions de francs). « Il y a tout lieu de croire, dit M. Esquiros, que la mer est encore plus riche que la terre, après les millions de naufrages qui ont englouti des fortunes royales. Le mirage de cet or dormant au fond des eaux a troublé le sommeil de plus d'un plongeur. Des trésors sont sans doute enfouis dans les sables caressés par les vagues, mais où les chercher? comment trouver la clef de ces coffres-forts de l'Océan? Passe encore quand on connaît à peu près le site du naufrage; mais qui dira dans quelles eaux ont échoué les vaisseaux de l'Armada? »

X

LA CLOCHE.

On ne saurait être surpris de ce que les Grecs, à bout de science, ne se soient pas arrêtés au scaphandre embryonnaire mentionné par Aristote. « Lorsqu'on n'est pas le plus fort, dit un proverbe qui doit avoir une origine hellénique, il faut être le plus adroit. » Les anciens cherchèrent à tourner la difficulté que leur faible savoir ne leur permettait pas de vaincre ouvertement. Ils cherchèrent et trouvèrent que le seul moyen de faire vivre le plongeur dans l'eau était de transporter avec lui la masse d'air dont il a besoin et qu'ils ne pouvaient lui envoyer en détail : d'où la *cloche à plonger*. La découverte de l'appareil était d'autant plus aisée que les principes sur lesquels il repose n'exigent aucune étude : il a suffi de plonger un vase dans l'eau, sens dessus dessous, et de remarquer, après l'avoir retiré, que la partie supérieure de ce vase restait sèche, pour constater l'effet de la compression de l'air ; de là à donner au vase une dimension qui lui permît de contenir un homme, il n'y avait qu'un pas. « On procure aux plongeurs la faculté de respirer, dit Aristote dans ses

Problèmes, en faisant descendre une chaudière ou cuve d'airain ; elle ne se remplit pas d'eau et conserve l'air si on la force à s'enfoncer perpendiculairement ; mais si on l'incline l'eau entre dedans. »

Bien que les écrits d'Aristote aient suffi pour conserver un secret d'ailleurs si simple, ce n'est qu'au XVe siècle que nous le voyons divulgué de nouveau. En 1472, Théodore de Gaza donna une traduction latine des *Problèmes*, dans laquelle il ajouta quelques traits à la description de la cloche qui attestent une certaine connaissance de cette machine. Mais ce n'est qu'au siècle suivant qu'on la voit employée ; il est hors de doute que les Italiens en faisaient alors usage. En 1538, l'un de ces appareils donna même lieu à une expérience qui fit trop de bruit pour ne pas être restée célèbre. Elle eut lieu à Tolède, et Teysner, qui en fut témoin, nous en a transmis les détails. Deux Grecs, en présence de Charles-Quint et d'environ dix mille personnes, descendirent au fond du Tage à l'aide d'une vaste chaudière retournée, et en sortirent après y être demeurés quelque temps sans être mouillés, et sans que la lumière qu'ils avaient emportée avec eux se fût éteinte ; ce qui causa une surprise générale.

En 1604, c'est Magnus Pegelius qui décrit à ses contemporains l'art de demeurer sous l'eau, et en 1643, le P. Fournier nous apprend comment les Cosaques de la mer Noire fabriquaient des machines à plonger, et cela sans beaucoup de frais, mais non sans quelque génie. « Ces pirates, sujets du roi de Pologne, dit-il, font la course avec des embarcations nommées caïcs. En chacune ils mettent trente-cinq ou quarante soldats, qui servent aussi à voguer; et parce que cette mer est fort sujette aux tempestes, ils couvrent tous leurs caïcs de cuir de vache, en sorte que l'eau n'y peut entrer; et ne laissent de voguer pour cela, car les cuirs sont lasches et attachez à lentour de la ceinture des soldats. S'ils sont suivis des galères du grand seigneur, ils se retirent vers les Paluds Méotides, où ils font un trou à chacun de leurs caïcs afin de les couler à fond, et se mettent soubs l'eau dans ces marescages, où ils demeurent un jour entier. Pour y avoir la respiration libre, ils couppent des cannes, dont ils tiennent un bout en leur bouche et l'autre hors de l'eau, attendant de cette façon que la nuict soit venuë; par après ils tirent leurs caïcs, vuident l'eau, bouchent le trou qu'ils avoient fait, et vont attaquer les galères lorsque moins elles y songent, et vont par fois piller jusques à cinq ou six lieuës de Constantinople. Jamais le grand seigneur n'a peu encor s'en deffaire, n'y empescher leur piraterie. »

Pouvoir respirer : tout le problème était là. Le célèbre Halley, auteur d'une cloche, le comprenait si bien qu'il faisait accompagner la sienne par des tonnes à fond ouvert, renfermant 60 litres d'air.

Ces barils communiquaient avec la cloche, à laquelle ils déversaient leur air frais au fur et à mesure que le sien était consommé (1). Mais tout cela était fort compliqué. Le Suédois Triewald crut mieux faire en plaçant son plongeur sur un plateau pendu à la cloche, qui était en cuivre. Sa tête seule pénétrait dans le récipient, ce qui lui permettait d'en consommer tout l'air sans avoir recours aux barils.

L'un des inconvénients de la cloche système Halley consistait surtout dans sa pesanteur, garnie qu'elle était de masses de plomb. Pour le faire disparaître, Spalding, d'Édimbourg, en fit une dont le poids fut suspendu au centre de l'appareil : le plongeur l'élevait et l'abaissait à son gré. Lorsque ce poids était descendu, la cloche remontait d'elle-même, en raison de sa légèreté spécifique; si le poids n'était suspendu qu'à une certaine distance de la cloche, il diminuait naturellement les chances — si nombreuses dans la cloche d'Halley—de renversement et de submersion. Il en restait encore pourtant. En 1785, étant descendu dans son appareil pour relever du fond de l'eau, sur les côtes d'Irlande, les débris d'un navire naufragé, Spalding y fut frappé d'apoplexie, ayant construit ainsi son tombeau de ses propres mains.

(1) En 1844, M. Touboulic reproduisit ce système. Seulement, il remplaçait les barils par de petites cloches de cinquante litres de capacité que l'on immergeait par un va-et-vient à côté de la cloche principale.

Avec Smeaton disparut à tout jamais le danger qui avait déterminé la mort de Spalding. Il avait connaissance de la loi de la compression de l'air, loi dont le Français Mariotte et l'Anglais Boyle, nous l'avons dit, avaient donné la formule plus d'un siècle avant lui. Grâce à la pompe foulante, il emmagasina de l'air dans un réservoir, d'où il l'envoya ensuite, à l'aide d'une autre pompe et d'un long tuyau, à l'homme enfermé dans sa cloche. C'est de la sorte qu'il put exécuter la réparation que sollicitait le fameux pont de Hexham (1779).

Depuis Smeaton, Rennie seul, à propos de la gigantesque entreprise dont le résultat fut la transformation du pont de Ramsgate (1812), et dont il avait la direction, a apporté quelques modifications aux plans de ses devanciers. Voici en quels termes décrit celle qu'il a pu observer à Plymouth, en 1864, l'écrivain que nous avons déjà cité, M. Alphonse Esquiros, dans son livre sur *l'Angleterre et la vie anglaise.*

« Le moment étant arrivé de relever les hommes de leur faction sous-marine, dit-il, le contre-maître dirigea mon attention vers un massif échafaudage qui s'élevait assez haut au-dessus de nos têtes et s'appuyait de chaque côté à deux énormes poutres, dont l'extrémité inférieure plongeait dans les vagues. Le cabestan transversal qui surmontait cet ouvrage en bois était parcouru dans toute sa longueur par un petit chariot engrené, sorte de poulie mobile à laquelle pendaient des chaînes de fer. Ce sont ces chaînes qui, solidement accrochées aux crampons de la cloche, servent à la déplacer. Le signal avait été donné de remonter : *pull up!* Cet ordre fut aussitôt suivi d'un mouvement de la machine; mais il s'en fallait de beaucoup que le travail fût rapide. On sentait bien à certains soulèvements de l'eau et au bruit des chaînes enroulées qu'il se passait quelque chose de particulier; toutefois la surface agitée ne trahissait encore la présence d'aucune forme visible. Enfin je distinguai dans le clair-obscur des vagues un objet qui ne devait point tarder à paraître, et en effet la cloche souleva peu à peu sa tête convexe au-dessus des eaux troublées. Elle émergea lentement, et avant de quitter l'élément liquide sembla imprimer de ses larges lèvres un baiser à la surface des flots. Les plongeurs eux-mêmes ne parlent-ils point des amours de la cloche et de l'océan? Elle montait avec une sorte de gravité triste, quand, parvenue à environ 3 pieds de la surface, elle s'arrêta en l'air immobile et ruisselante. Je m'aperçus alors qu'un petit bateau gouverné par un marin qui tenait les rames s'était glissé jusque sous l'embouchure de la cloche. De cette cavité je vis sortir de grosses bottes molles qui montaient jusqu'au-dessus des genoux, et qui, suivies d'autres grosses bottes, me firent comprendre que deux hommes venaient de sauter dans la nacelle. En effet, le bateau lui-même ne tarda pas à se dégager du dôme sous lequel il avait un instant disparu à moitié, et je le vis revenir chargé de deux ouvriers mouillés jusqu'à la ceinture et couverts de boue. Ils venaient de faire une demi-journée sous l'eau et ils paraissaient fatigués. Leur teint basané se colorait aux joues et autour du front d'un vif éclat sanguin. On ne changea rien à la position de la cloche, comme si l'on eût voulu lui donner le temps de se sécher et de respirer à l'air libre.

Je venais d'assister au spectacle de la cloche remontant à la surface, il me restait maintenant à la voir redescendre au fond de la mer. La même barque qui avait amené les deux ouvriers vers la grande maison de bois flottante les reconduisit, après une heure de repos, du côté de la *diving-bell*, qui, suspendue entre ciel et eau, avait la forme d'un immense coffre de fer ouvert par le fond (1). Les préparatifs de la descente ont quelque chose d'imposant qui, pour une imagination effrayée, rappellerait assez bien les apprêts d'une condamnation à mort. Rien n'y manque, ni l'échafaud, ni la chambre secrète, ni le gouffre des vagues menaçantes. Les plongeurs, Dieu merci, ne considèrent point ainsi leur situa-

(1) Cette forme varie beaucoup suivant l'âge de la construction. On fit d'abord toutes ces machines coniques, et c'est sans doute à cette circonstance qu'elles doivent le nom de cloches. Depuis, on a préféré la figure d'un parallélipipède ou d'un parallélogramme

tion, et semblent au contraire fiers de toucher à pied sec le fond de cette mer où tant d'autres ont trouvé leur tombeau. Quoi qu'il en soit, la barque vint se placer sous la cloche, élevée de 3 ou 4 pieds au-dessus de la surface. Les deux hommes montèrent l'un après l'autre dans l'intérieur, s'aidant pour cela d'un anneau de fer suspendu au plafond de la voûte, et qu'ils saisissaient habilement avec les mains. Là ils prirent place sur deux bancs de bois huchés à une certaine hauteur dans la cavité de la cloche. Quelquefois quatre et même six ouvriers trouvent à s'asseoir dans ce curieux véhicule. Ceci fait, le bateau se retire. Un moment de plus, et la voix du contremaître commande de lâcher les chaînes : *lower away !* C'est alors que la cloche, animée d'un mouvement perpendiculaire et presque insensible, descend vers la mer. Peu à peu les vagues vinrent lécher les bords inférieurs de la machine, qui s'abaissait. Il est essentiel que les quatre coins de cette masse plus ou moins carrée touchent d'aplomb et simultanément la surface des lames, car autrement les eaux s'introduiraient dans l'intérieur de la *diving-bell*. Il faut aussi que la chute soit lente et graduée, sous peine de causer instantanément la mort. Pourtant la cloche avait entr'ouvert la superficie des flots, où elle s'enfonçait par son propre poids, étant construite en fonte et dès lors assez lourde, quoique ballonnée d'air, pour déplacer le liquide. La calott de fer s'éleva encore quelque temps au-dessus des vagues, puis je la vis décroître et disparaître. A peine la cloche eut-elle sombré que je pus en quelque sorte la suivre au fond de la mer, grâce aux explications que me donnèrent les plongeurs demeurés à bord. »

Comment ces hommes respirent-ils sous l'eau? Telle est la première question qu'il est naturel de s'adresser. Au centre du plafond de la cloche s'ouvre un trou par lequel arrive la provision d'air. Le fluide respirable est fourni par un tuyau de cuir dont l'extrémité s'attache à la pompe à air, que quatre hommes mettent en mouvement. Cette pompe fonctionne sur l'échafaudage qui domine la mer; et, à ce propos, qu'il nous soit permis d'ouvrir une parenthèse.

On se tromperait singulièrement en supposant que l'homme transporté dans l'air comprimé s'y trouve dans un état normal. Il s'en faut de beaucoup qu'il y rencontre les conditions d'existence auxquelles il est habitué.

La première impression que reçoivent les sens en pénétrant dans l'air comprimé est éprouvée par l'ouïe et la membrane du tympan. Cela tient à ce que cette membrane, si lentement qu'on descende sous l'eau, est toujours déprimée avant que la trompe d'Eustache ait livré passage à l'air. « La sensation qu'on éprouve alors est rarement une simple gêne, dit

M. le docteur Foley; presque toujours elle atteint le degré de souffrance, et souvent même celui de douleur atroce, avec irradiation dans la face, la bouche, les cavités nasales et tous leurs sinus. Un poinçon lentement enfoncé dans l'oreille ne serait pas plus cruel. Il n'est pas jusqu'aux petites bulles d'air franchissant la trompe d'Eustache pour venir soulager, qui ne soient, elles aussi, causes de souffrances, au moment où elles détonnent dans la chambre des osselets (1). »

Les organes destinés à saisir les différences d'humidité, de température et de résistance, sont, après l'oreille, ceux de nos sens qu'impressionne le plus vite l'air comprimé. A peine s'y est-on soumis qu'on éprouve aux lèvres d'abord, et bientôt sur toute la peau, la même sensation que dans une étuve, bien que le thermomètre ne donne qu'une faible différence entre la température de l'air de la cloche et celui du dehors. Le toucher se modifie, et chez quelques individus le goût et l'odorat disparaissent entièrement. D'autres se voient affectés de bégayement ou de mutisme. La circulation du sang devient moins active et la respiration se modifie. Ces acci-

(1) *Du travail à l'air comprimé*, 1863. C'est dans ce remarquable ouvrage que M. le d[r] Foley a assigné — le premier — le rôle exclusif de la vessie natatoire chez les poissons, et l'une des nouvelles fonctions des sacs aériens chez les oiseaux.

dents disparaissent, il est vrai, lors du retour à l'air libre; mais non pas toujours, on le comprendra, sans laisser de traces.

La lumière dont le plongeur a besoin lui vient, dans la cloche, par une douzaine de lentilles convexes, ayant chacune huit ou neuf pouces de diamètre et solidement insérées dans des cercles de cuivre. Dans certains cas, ces espèces d'œils-de-bœuf sont défendus extérieurement par un treillis de fer contre les chocs qui pourraient résulter, dans la mer, de la rencontre avec les rochers ou avec d'autres corps solides. Cette lumière varie beaucoup de couleur ou d'intensité, suivant la pureté des eaux, la nature du fond, l'intensité du jour. Sur les côtes d'Italie, sur des fonds de sable ou de roche, on voit jusqu'à une profondeur de 40 mètres.

Dans les rivières, dans les ports vaseux de la France et de l'Angleterre, le plongeur se trouve, le plus souvent, dans une obscurité complète à 4 ou 5 mètres de la surface. Il y a, toutefois, des jours où la lumière lui arrive en telle abondance qu'il peut lire un journal imprimé en petit texte. On cite même l'histoire d'une lady qui écrivit une lettre et la data ainsi : « 16 juin 18.., du fond de la mer. » Son courage lui valut, parmi les plongeurs, le surnom de *The Diving-Belle*, la belle plongeuse. On assure également que les rayons du soleil, même lorsqu'ils ont traversé une certaine profondeur de l'eau la plus froide, ne perdent rien de leur puissance. On cite à l'appui l'histoire d'un ouvrier employé au brise-lame de Plymouth qui était descendu dans une cloche à plongeur au sommet de laquelle un verre convexe introduisait la lumière. Tout à coup ce verre opéra comme aurait fait une lentille, et le pauvre homme ne tarda pas à reconnaître qu'un incendie s'était allumé sur sa tête; son bonnet de papier était la proie des flammes, qui, par suite de cette mauvaise plaisanterie solaire, menaçaient de près son cuir chevelu.

Mais le plus généralement le plongeur est obligé de travailler à tâtons, et on comprend sans peine quels retards doit apporter cette obscurité dans l'exécution de son travail. Pour obvier à cet inconvénient, on pourvoit le plongeur d'une lampe dont le système ne paraît avoir été trouvé que tout récemment, bien qu'on l'ait cherché depuis longtemps. Ainsi, nous trouvons dans le *Recueil des Machines approuvées par l'Académie des Sciences* (1753-1754), le dessin d'une lampe subaquatique. Elle consistait en une lanterne sous laquelle se trouvait un réservoir d'air communiquant avec la lumière à l'aide de petits tuyaux. Cet air entretenait la bougie allumée et empêchait, en même temps, l'eau de s'introduire par l'ouverture ménagée au-dessus de la lanterne.

D'autres inventeurs ont choisi d'autres combustibles tels que l'huile et l'esprit-de-vin. Nous avons vu quelques-unes des lampes imaginées par eux. Elles sont étanches; un tuyau d'arrivée fournit l'air nécessaire à la combustion au moyen d'une pompe. Un tuyau de décharge, remontant à la surface, permet aux produits de la combustion de s'échapper. On voit d'ici les inconvénients que présente la manœuvre de ces lampes avec leurs deux tuyaux, toujours disposés à s'enchevêtrer l'un dans l'autre. Elles ont un défaut plus grave, auquel il est moins facile de remédier : c'est l'insuffisance de la lumière qu'elles fournissent.

Un inventeur contemporain, M. Guichardet, a été plus heureux avec de l'hydrogène liquide (mélange d'alcool et d'essence de térébenthine). Sa lampe a même rendu de grands services dans les travaux du port de Marseille et dans ceux du pont de Kehl. Et sans doute serait-elle aujourd'hui d'un usage général si la lumière électrique n'était venue la détrôner, comme la bougie a détrôné la chandelle, comme le gaz a détrôné la bougie.

Dans l'Océan, dans la Manche et dans la Méditerranée, des essais ont été faits au moyen de récipients étanches, en verre, où fonctionne un régulateur Serrin mettant en contact des charbons rendus incandescents par une pile dont les éléments restent placés sur le bâtiment à bord duquel se font les essais ; la partie servant de lanterne est seule descendue sous l'eau. De ce nombre est l'appareil de

MM. Rouquayrol et Denayrouze. D'après ces inventeurs, leur lampe, dont l'intensité égale celle de deux mille becs de Carcel, « peut éclairer le fond de l'eau pendant trois heures, toujours avec la même énergie. »

C'est beaucoup. M. Paul Gervais, professeur à la Faculté des sciences de Paris, trouve qu'en bien des cas c'est trop. Il pense qu'il est des circonstances où une lumière moins éclatante suffirait et même serait préférable. Il a donc imaginé, avec l'aide de M. Ruhmkorff, un appareil ayant pour base « les tubes de Geisler, en rapport avec un récipient étanche, renfermant les éléments d'une pile et une bobine destinés à produire le courant électrique à l'aide duquel on rend les tubes lumineux. » Descendue au fond de l'eau, cette machine a donné les résultats qu'on en attendait. Son auteur espère qu'elle sera adoptée, lorsqu'il l'aura rendue « d'un maniement plus facile, et par suite plus pratique. »

Maintenant fermons notre parenthèse, et reprenons le récit de M. Esquiros.

« Le surveillant des travaux m'avertit que la cloche venait de toucher le fond de la mer. Les plongeurs étaient maintenant séparés du reste du monde par le grand Océan roulant au-dessus de leurs têtes, et pourtant ils communiquaient avec la surface et leurs semblables au moyen de signaux. Ils se servent, en ce cas, d'un marteau le plus souvent suspendu par une corde au dôme de la cloche et qui joue un grand rôle dans le langage mystérieux des rapports sous-marins. Aucun bruit n'arrive de la surface aux oreilles des plongeurs; mais les sons montent au contraire distinctement du fond de la *diving-bell* jusqu'à ceux qui sont chargés de les recueillir à l'air libre. Un sens particulier s'attache au nombre de coups portés par le marteau contre les parois retentissantes de la cloche (1). Pour celui qui n'y est point accoutumé, cet ébranlement communiqué à un aussi frêle rempart contre une aussi grande ennemie que la mer a quelque chose d'alarmant; mais les plongeurs ne s'inquiètent guère pour si peu, les nerfs de ces hommes forts ne tremblent point dans leur maison tremblante. On se sert encore d'autres signaux, par exemple de petites bouées qu'on envoie à la surface. Dans certains cas, on échange même des messages au moyen d'une corde qui communique par un bout dans l'intérieur de la cloche et de l'autre à la surface. Les ouvriers écrivent ce qu'ils désirent soit avec la plume sur un morceau de papier, soit avec de la craie sur une planche, et dépêchent cet avis à la surface. Leurs ordres sont aussitôt exécutés, ou, dans le cas contraire, on leur fait savoir que la

(1) Un seul coup veut dire : « Plus d'air! » ou : « Pompez plus fort; » deux coups signifient : « Tenez ferme; » trois coups : « Hissez; » quatre coups : « Abaissez; » etc. Qui ne reconnaît qu'un système a présidé à la formation de cette langue télégraphique? Les ordres qu'on a besoin de renouve-

chose n'est point praticable (1). Ce système de signaux exerce une heureuse influence non-seulement sur l'exécution des travaux sous-marins, mais encore sur le moral des plongeurs. Ensevelis dans le silence des eaux profondes, c'est le seul lien qui les rattache du sein de l'abîme au monde des vivants.

« Ils commencent à travailler, me dit bientôt le contre-maître, qui suivait sous les vagues tous les mouvements de ses ouvriers. La nature de leurs fonctions varie naturellement beaucoup selon le caractère des entreprises. Les deux plongeurs qui venaient de descendre avaient pour tâche de déblayer dans cet endroit-là les abords du brise-lame. A peine arrivés au fond, ils sautent à bas de leur siége, et, armés d'un pic, fouillent le sable humide pour en extraire les pierres. Je ne tardai point à juger par moi-même de leur industrie : des sacs qu'ils avaient remplis de sable boueux et des seaux, *buckets*, qu'ils avaient chargés de pierres remontaient de moment en moment à la surface, attirés par des cordes. On

ler le plus souvent sont ceux qui se transmettent par un moindre nombre de coups. N'en est-il pas ainsi dans les idiomes parlés, où généralement on désigne les objets de première nécessité par un monosyllabe : pain, eau, air, etc.?

(1) Cette correspondance prend quelquefois un ton enjoué. « Nos compliments à nos amis d'au-dessus de l'eau, » tel était le texte d'un de ces messages, auquel il fut répondu en moins de trois minutes : « Santé et prospérité aux *gentlemen* habitant la région des poissons! »

eût dit l'embouchure d'une mine vers laquelle des bras invisibles envoient incessamment des débris de roche; seulement la mine ici était la mer. La nature de ces fouilles ne permet point de travailler toujours à la même place. Déjà les plongeurs avaient demandé par un signal qu'on changeât leur position au fond du lit du détroit. Comment s'y prendrait-on pour leur obéir ? En fait d'air et de locomotion, les hommes enfermés dans la cloche dépendent entièrement des appareils qui fonctionnent à la surface. L'organe principal du mouvement est une sorte de petit chariot porté sur quatre roues et glissant sur deux chemins de fer qui lui permettent d'aller et de venir dans toutes les directions. A peine le signal est-il donné d'en bas que la cloche se trouve soulevée du fond de la mer comme un lourd ballon. Cette manœuvre s'exécute naturellement au moyen de chaînes, et la *diving-bell* reste un instant immobile entre deux eaux ainsi que le pendule d'une horloge arrêtée. Cependant le chariot se met en marche, et comme il fait en même temps l'office de grue, la poulie à la surface et la cloche dans l'océan se déplacent à la fois. Les plongeurs appellent cela voyager. Ils vont ainsi du nord au sud, de l'est à l'ouest, en avant et en arrière. Chemin faisant ont-ils découvert un quartier de roche qui gêne le lit du détroit, ils donnent le signal d'arrêter, et la *diving-bell* s'arrête, puis redescend lentement vers le bloc de pierre. Ont-ils été emportés trop loin et sentent-ils le besoin de revenir sur leurs pas, ils en avertissent de nouveau les ouvriers qui travaillent à la surface, et la machine complaisante les ramène vers le point désiré. Cette entente cordiale entre ce qui se passe au fond de la mer et ce qui a lieu dans la région où l'on respire est la base de toutes les opérations des plongeurs. C'est ainsi que l'homme a pu renouer des communications avec un élément dont la nature semblait lui avoir fermé l'accès ; c'est ainsi que la ligne des eaux profondes n'est plus aujourd'hui un obstacle aux entreprises des ingénieurs. »

Dans les descentes subaquatiques, la cloche à plonger semble exposée à beaucoup de dangers, et pourtant les accidents sont rares. Il n'est pas de plongeurs qui ne sachent très-bien que si la chaîne qui les suspend dans l'eau venait à se rompre, tout serait perdu. La machine est beaucoup trop lourde pour qu'ils puissent entretenir un instant l'espoir de la soulever, et ce dôme de plomb deviendrait en pareil cas le couvercle de leur tombeau. Ce malheur n'est pas le seul qu'ils aient à redouter. Il se peut que certains mouvements de la mer ou certaines fausses manœuvres dérangent l'équilibre de la cloche, et alors les plongeurs courent le plus grand risque d'être noyés. A Blackwall, près de Londres, un de ces appareils chargé de trois hommes commençait à s'emplir d'eau. Heureusement l'un des *divers*, doué d'une rare présence d'esprit, plongea sous l'ouverture de la cloche, revint à la surface, où il donna l'alarme, et sauva ainsi ses compagnons. A Plymouth, où cet instrument s'aventure sans relâche depuis plus de quarante années dans toutes les eaux du détroit et à diverses profondeurs, il n'y a guère eu d'accidents sérieux à déplorer.

Quoique l'industrie à laquelle se prête la cloche à plonger ne soit point ancienne, elle a pourtant sa légende. « Jack (tel est le nom d'un plongeur qui vivait à la fin du dernier siècle), raconte M. Esquiros, avait été occupé depuis quelques semaines à recueillir les débris d'un naufrage, quand un jour il vit apparaître à l'une des fenêtres de la cloche une figure pâle avec de longs cheveux entremêlés d'algues marines. Il avait bien entendu parler de la beauté des sirènes (*mermaids*), qui sont, comme tout le monde le sait, les plus ravissantes des femmes ; mais Jack n'aurait jamais cru qu'il pût exister de créature aussi parfaite. D'une voix plus douce que le gazouillement des vagues sous une fraîche brise, elle lui dit : « Je suis un des esprits de la mer : à cause de ton bon naturel, je t'ai distingué d'entre tes autres compagnons et je te protégerai, mais à une condition, c'est que tu sauras me reconnaître sous toutes les formes dans lesquelles il me plaira de m'envelopper.» La vision disparut, et Jack demeura fort surpris avec une grande joie au fond du cœur. A partir de ce moment, tout lui réussit : où les autres plongeurs ramassaient un écu, il en trouvait trois. Se souvenant de ce que lui avait dit la sirène, il eut grand soin de traiter en ami tous les habitants de la mer. Au moment où la cloche descendait dans l'eau comme une colonne creuse, il voyait distinctement sous ses pieds, à quelque distance, des poissons et d'autres animaux marins ; mais il avait grand soin de ne pas les effrayer. Plus d'une fois, lorsque la cloche remontait à la surface et qu'une légère vapeur tiède couvrait d'un nuage les verres de sa prison, il cherchait du regard la *belle dame de la mer*, car il aurait bien voulu la revoir. Elle ne se remontra jamais. Cependant tout continuait à prospérer ; sa femme et ses enfants commençaient à croire qu'il avait de la peau de phoque séchée sous ses vêtements et que cela lui portait bonheur. Il n'avait pas en effet osé leur parler de cette maîtresse aux yeux vert-de-mer qui veillait sur lui. Un jour pourtant il travailla plusieurs heures de suite sans rien trouver ; une houle profonde troublait la lumière dans l'intérieur de la cloche et l'empêchait de distinguer les objets. Comme il revenait chez lui de mauvaise humeur, il rencontra un affreux polype que le mouvement du reflux venait de laisser sur le sable. Jack l'écrasa du pied et s'en alla manger sa soupe. Le lendemain, pendant qu'il était redescendu au fond de la mer, quelle fut sa terreur en apercevant à travers les parois de la cloche, non plus l'attrayante figure de la sirène, mais un monstrueux requin ! L'animal s'approcha jusqu'au-dessus de la tête du plongeur et lui dit : « Tu m'as désobéi, donc tu mourras. » En effet, quelques jours après, un accident survint dans la machine, et Jack fut noyé. »

XI

LE NAUTILE.

Tous les mouvements de la cloche à plonger — nous l'avons vu — sont subordonnés à des volontés placées en dehors d'elle. Grave obstacle pour les ouvriers qu'elle contient ! car l'imprévu est grand dans leurs étranges travaux, et les communications avec l'extérieur difficiles, lentes, imparfaites. Bien avant Mariotte et Boyle on avait songé à donner à l'habitant de la cloche, avec de grandes quantités d'air respirable, la faculté de se mouvoir sur le sol aquatique ; de cette idée deux inventions : le *nautile*, vaste cloche qui a donné au plongeur une liberté presque complète, et le *bateau sous-marin*, dont nous parlons plus loin.

Le premier effort dans cette voie est ancien — comme le reste, — ainsi que l'atteste l'un des contes de François Bacon. Dans cet écrit, où il s'applique à recommander sous une forme allégorique les innovations qu'il jugeait utiles et souhaitait de voir accueillir, il raconte comment les habitants de la « Nova Atlantis » vivaient sous l'eau grâce à certaines machines. Il lui était d'autant plus facile de traiter le sujet, qu'en 1588, un de ses contemporains, William Bourne, avait donné en ces termes le plan d'un bateau plongeur : « Après avoir bien lesté un petit navire, dit-il, on pratique dans sa cale : 1° un plancher horizontal ; 2° des cloisons verticales entre ce plancher et le tillac, à une certaine distance des flancs et d'un bout à l'autre du navire ; 3° deux autres flancs mobiles, unis aux cloisons par des cuirs imperméables et manœuvrés par une forte vis ; 4° des trous qui laissent entrer de l'eau dans le navire lorsqu'on attire les flancs mobiles vers les cloisons ; 5° un mât creusé comme le corps d'une pompe, pour renouveler l'air. Ce travail exécuté, ajoute-t-il, on fait plonger le navire ; il suffit pour le faire surgir de repousser les flancs mobiles à leur premier poste. »

Bourne voulait avec cet appareil renflouer les navires coulés. On ne dit pas s'il y réussit. Cela importe peu d'ailleurs ; car le procédé était déjà en usage. Quelques années auparavant, en 1559, les Vénitiens s'en étaient servis avec le plus grand succès pour relever un galion qui avait coulé dans la rade de Malamoco.

Le principe une fois démontré, les esprits s'en emparèrent et cherchèrent sa perfection. Mais c'est de nos jours seulement qu'elle paraît avoir été atteinte. Pour ne pas remonter trop haut dans l'histoire du nautile, nous citerons celui de M. Beaudoin (1827). Son plongeur *le Dauphin* avait à chacune de ses extrémités des chambres qu'il remplissait d'air comprimé, lequel faisait place à l'eau lorsqu'il s'agissait de descendre. Des réserves d'air permettaient d'opérer le contraire quand on voulait faire remonter la machine. De plus, les matelots, la tête recouverte d'un casque alimenté d'air comprimé, pouvaient s'éloigner du navire, ce qui était un grand avantage. Le *Dauphin* fut expérimenté le 13 mai 1827, aux Andelys, avec le plus grand succès. Une compagnie se forma même pour l'exploitation de l'invention. Puis, ainsi que de beaucoup de découvertes qui firent grand bruit à leur heure, et qui, au dire de leurs patrons, devaient changer la face du monde... on n'en parla plus.

Tel a été le sort, pour ne pas sortir de notre cadre, de l'invention de M. Fournier (de Lempdes). Lui aussi avait « découvert des procédés au moyen desquels l'homme pouvait respirer librement au sein des eaux, s'y nourrir, s'y mouvoir à volonté, parcourir sans danger le sol sous-marin, et y entretenir même de la lumière. » — « Avec mes appareils, écrivait-il, cent hommes et plus pourraient descendre dans la mer à une profondeur considérable...»

Avant eux (1778), Coulomb avait imaginé un nautile à air comprimé dont on se servit plusieurs fois pour extraire les rochers sous-marins ; travail difficile dont cet engin réduisit la dépense de 6 à 1 ; mais il ne pouvait être usité qu'à mer basse et à des profondeurs qui ne dépassaient pas $2^{m}.50$. M. le docteur Payerne a repris l'idée de Coulomb et l'a perfectionnée si bien, qu'avec son plongeur on peut descendre aujourd'hui jusqu'à 8 mètres. En 1847, il fut employé avec succès à l'extraction d'une roche de 58 mètres cubes qui se trouvait dans le port de Brest. On s'en servit en 1849, dans la Seine, pour l'enlèvement de l'ancien pont au Double. Enfin, en 1852 il fut envoyé à Cherbourg pour travailler à l'approfondissement du port Chantereine. En 1853, ce même nautile, qui ne pouvait contenir que quatre travailleurs, fut agrandi : il a aujourd'hui 15 mètres de long et peut donner place à douze hommes. Enfin nous signalerons le *nautilus* exposé en 1867 au Champ de Mars par M. Samuel Hallet, de New-York. Cet appareil, que les plongeurs peuvent diriger à leur gré, dans une certaine mesure bien entendu, mérite de fixer l'attention des gens spéciaux.

III

L'ÉCRIN DE L'OCÉAN.

Les Perles. — Le Corail. — Les Coquillages et les Nacres. La Pourpre. — Le Byssus. — Les Ambres.

PERLES.

L'Océan n'a rien à envier à la Terre; comme elle a ses forêts, qui sont de puissantes végétations d'algues, ses oiseaux, qui sont les poissons, et ses pierres précieuses. On sait que ce sont les êtres qu'il nourrit dans ses vastes profondeurs qui produisent les perles. On n'est pas riche sans être un peu avare; de là le soin jaloux avec lequel il nous dérobe ses richesses.

L'histoire des perles est trop connue pour que nous la reprenions. On n'ignore donc pas le goût des anciens et la passion des Orientaux pour « ces gouttes de rosée solidifiées ». Il n'y a plus aujourd'hui que les femmes et les sauvages qui s'en parent : ce qui n'est pas dire qu'il n'y ait qu'eux qui en apprécient la beauté et la valeur. Il n'est pas de souverain qui n'en possède un plus ou moins grand nombre. On a pu le constater à l'Exposition universelle par le magnifique trésor de perles fines qu'y avait envoyé la reine d'Angleterre, et la collection de quatre cent huit perles, de 16 grammes chacune, appartenant à l'empereur des Français.

De telles richesses d'ailleurs ne sont pas nécessaires à leur bonheur, non plus qu'à la vanité des peuples qu'ils représentent. Il faut laisser la perle à la femme. C'est pour la femme qu'elle est faite, comme la femme est faite pour la perle. Michelet du moins le prétend. Elles sont amoureuses l'une de l'autre, dit-il. « Ces dames du Nord, dès qu'elles les ont une fois mises, ne les quittent plus. Elles les portent jour et nuit, les cachent sous les vêtements. Dans de rares occasions, à travers les riches fourrures, toujours doublées de satin blanc, on aperçoit l'heureux bijou, l'inséparable collier. — C'est comme la tunique de soie que l'odalisque porte en dessous, qu'elle aime tant. Elle ne quitte cette favorite qu'elle ne soit usée, déchirée et sans remède hors de combat, sachant que c'est un talisman, l'infaillible aiguillon d'amour. — Il en est ainsi de la perle. Comme la soie, elle s'imprègne du plus intime et boit la vie. Une force inconnue y passe, une vertu de celle qu'on aime. Quand elle a dormi tant de nuits sur son sein, dans sa chaleur, quand elle s'est ambrée de sa peau et a pris ces teintes blondes qui font délirer le cœur, le bijou n'est plus un bijou, c'est une partie de la personne que ne doit plus voir l'œil indifférent. Un seul a droit de le connaître, et, sur ce collier, de surprendre le mystère de la femme aimée. »

Tout le monde sait que l'on trouve la perle dans l'épaisseur du manteau ou dans le tissu même des organes, et contre la face interne des deux valves de certaines huîtres. Dans le premier cas, elles sont libres; dans le second, elles adhèrent plus ou moins à la coquille. Les perles libres sont les vraies perles. Comment se forment-elles? Les opinions diffèrent sur ce sujet. Suivant les uns, elles seraient produites par une sécrétion abondante de la nacre, occasionnée par une annélide qui s'introduirait entre les couches composant la coquille, et les rongerait, les perforerait en tous sens. Suivant les autres, les perles seraient formées par l'obstruction des canaux qui partent des follicules producteurs de la nacre. Toutes ces conjectures peuvent être combattues et l'ont été; aussi serait-il téméraire d'affirmer que l'une ou l'autre de ces théories soit préférable. L'ignorance dans laquelle on se trouve cessera vraisemblablement un jour, puisque Linné a produit des perles artificielles. Une récompense nationale lui fut même accordée pour ce motif par les États généraux de Suède. Il a malheureusement négligé de faire connaître son procédé, qu'on a recherché depuis, mais sans succès.

Ce qu'on a obtenu, c'est la production de perles, non pas libres, mais adhérentes. L'industrie n'est pas européenne, elle est chinoise. Les ingénieux sujets du Fils du Ciel procèdent ainsi. Étant donné un coquillage de l'espèce *anodonte,* ils l'ouvrent sans le blesser, en maintenant l'écartement des valves avec des coins de bois; ils soulèvent ensuite très-délicatement le manteau de l'animal, puis ils creusent la nacre avec une pointe d'acier, y pratiquent un petit trou et y enfoncent un corps étranger (bois, pierre, métal), en ayant le soin de fixer ce futur noyau de la perle avec une matière agglutinative, une sorte de vernis insoluble dans l'eau. Ils en introduisent ainsi jusqu'à trente dans le même coquillage, en les disposant de différentes manières, isolés ou groupés symétriquement ou irrégulièrement. Ils enlèvent alors les coins de bois et portent les *anodontes* dans les lieux qu'ils savent le plus favorables à leur développement. Ce sont de petits parcs aménagés avec soin et entourés de fascines. Puis ils attendent que le travail s'opère, ce qui ne tarde point. Au bout d'un an, le manteau a déposé sur les corps étrangers une lame de matière nacrée qui va tous les jours s'épaississant et les enveloppe bientôt, comme le calcaire de la fontaine de Saint-Alire encroûte les objets qui lui sont confiés. Les sculpteurs chinois travaillent ensuite cette nacre et, suivant sa forme, en font des oiseaux, des fleurs, des poissons, des animaux, ou de ces caricatures dans lesquelles ils excellent.

Sait-on que tous les coquillages à parois nacrées, huîtres, patelles, moules, haliotides, peuvent produire des perles ? Notre huître commune (*ostrea edulis*), notre moule commune (*mytilus edulis*), elles-mêmes en recèlent quelquefois; les moules à cygnes (*anodonta cycneus*), qui vivent dans les marais non salés, les mulettes (*unio*), qu'on ramasse dans la vase des rivières, sont également perlières; mais les joyaux qu'on y découvre, comme ceux produits par les mers équatoriales, subissent l'influence chimique du milieu où ils se développent, et ont généralement la teinte et la couleur de l'intérieur des coquilles où ils se sont formés; celles-ci ne possédant, dans nos froides contrées, qu'une nacre inférieure, ne peuvent naturellement fournir que des compositions sans valeur.

De l'origine de la perle, sa couleur, disons-nous. Il y en a en effet de blanches, de jaunes, de grises, de bleues et même de noires. La turbinelle de l'océan Indien et la *pinna marina* en donnent de roses. La *tridacna gigantea*, ou grand bénitier, en fournit qui atteignent la taille d'un œuf de poule de Bantam. Mme la baronne de Rothschild a dans ses écrins deux perles de cette charmante nuance qui sont d'un grand prix à cause de cette couleur et aussi de leur structure en forme parfaite de poires.

La forme des perles dépend de la situation où le hasard a placé le noyau de la concrétion : si la formation a lieu entre les manteaux du mollusque, elle prend généralement une forme arrondie; si elle est placée près des charnières, elle est déprimée ; et si elle touche aux parois de la coquille, de façon que l'animal ne puisse la remuer, elle adhère presque toujours à l'émail ou prend ces formes que dans le commerce on qualifie de *baroques*.

Le genre de mollusque qui fournit le plus de perles au commerce se trouve dans les mers des Indes, de la Chine, du Japon, de l'Amérique du Sud, dans le golfe Persique, dans la mer Rouge, etc.; c'est l'huître perlière ou pintadine mère perle (*ostrea meleagrina margaritifera*). C'est le savant M. Lamiral, que nous suivons pas à pas dans cette petite étude sur les perles, qui nous l'apprend. Sa structure, dit-il, est irrégulière, d'un ovale imparfait ; elle a quelquefois 15 centimètres de diamètre, mais en général elle ne mesure que 5 à 7 centimètres. La nacre en est brillante et irisée, la chair blanchâtre, grasse, molle, fade lorsqu'elle est crue ; mais cuite à l'eau, épicée avec des tomates, frite ou rôtie sur le gril avec du citron, elle est appétissante. Avis aux Cléopâtres modernes à qui leur fortune ne permet pas la perle même.

En Europe, les perles arrivent dans le commerce telles qu'elles ont été classées par les premiers propriétaires, suivant l'usage anglo-indien ; nos marchands les classent à nouveau et font des choix.

Les perles fines de belle eau, d'un bel orient, de belles formes, se vendent à la pièce ; on les nomme *vierges, parangon;* celles de formes irrégulières ou *baroques* se vendent au poids, même les plus grosses. On enfile sur soie les moyennes et les petites, on réunit les rangs par un nœud de ruban bleu ou par une houppe de soie rouge, et on les vend alors par masses de plusieurs rangs, suivant le choix des perles. Les très-petites, dites *semence*, se vendent à la mesure ou au poids.

Si la perle peut prendre la couleur de la peau sur laquelle elle repose sans cesse, les acides ou les gaz fétides ont sur elle une action non moindre ; elle se ternit alors et devient *vieille*, disent les commerçants ; lorsque la dégradation est trop forte, on la dit même perle *morte*.

Les perles d'Europe, principalement celles de la Grande-Bretagne, sont classées sous le nom de *perles d'Écosse* ou *perles d'apothicaire*. Cette dernière dénomination, peu usitée aujourd'hui, provient de l'usage que la médecine empirique faisait jadis de ces perles en les pilant pour en faire un électuaire coûteux, et qui cependant ne représentait que la mixture d'une certaine quantité de carbonate de chaux avec les liquides eau ou vin. Elles proviennent des moules *alasmodonta*, *margaritifera*, *unio*, etc., assez abondantes dans le Perth, le Tay, le Don, le Dee ; la rivière d'Irt (Cumberland), la Conway (pays de Galles), ou bien les rivières irlandaises des comtés de Tyrone, de Donegal, etc. « Pendant les assises d'été, dit M. Lamiral, les gens de ces pays viennent offrir aux *gentlemen* d'assez belles perles qu'on achète à des prix qui dépassent quelquefois vingt livres sterling. » Enfin dans plusieurs cours d'eau du continent, dans l'Elster, en Saxe, dans la rivière de Watawa, en Bohême, dans celle du Moldau, et même en France, les propriétaires riverains ramassent des moules perlières dont ils tirent parfois un assez grand profit, car beaucoup de joailliers peu scrupuleux les revendent comme perles étrangères. « Mais toutes ces perles d'Europe, comme le remarque M. Lamiral, sont ternes, d'un blanc rosé sans orient : ce qui semblerait prouver qu'une grande dose de chaleur est nécessaire à la perfection de la perle. Aussi celles qui se forment et qui croissent à la chaleur du globe et au rayonnement du brillant soleil de l'Asie et de l'Amérique méridionale sont-elles toujours les plus belles, les plus vives en éclat et en transparence. »

Les bancs d'huîtres perlières les plus renommés sont ceux de Kondatchy, situés dans le détroit de Manaar, golfe de Bengale, à vingt milles environ de Ceylan. Ils sont au nombre de quatorze, et avant 1795 ils appartenaient aux Hollandais. Ils fournissaient alors un revenu de plus de trois millions. Aussi, lors de la guerre qui assura la domination britannique dans l'Inde, les Anglais ne négligèrent-ils point de s'emparer de ce joyau, qui leur fut assuré par le traité d'Amiens, et qu'ils ont conservé depuis. Suivant le principe qu'ils ont adopté dans l'Inde, et fort profitable à leur bourse s'il pèse cruellement sur les pays où il est mis en vigueur, ils ont affermé ces bancs en 1802 moyennant une somme de trois millions. D'abord excellente pour les adjudicataires, cette spéculation a cessé de l'être, paraît-il, depuis une vingtaine d'années ; et pour qu'elle ne soit pas tout à fait mauvaise, ils ont dû soumettre les bancs au régime adopté dans l'exploitation des forêts : ils les ont mis en coupe réglée.

La pêche dure six semaines ou deux mois au plus; elle commence en février pour se clore dans les premiers jours de mai, et pendant ce temps le nombre des jours de fête est tel que celui des jours de travail n'excède pas une trentaine pendant la saison. On se croirait en Espagne ou en Italie. Les barques qui s'y livrent sont ordinairement montées par vingt hommes, dont dix rameurs et dix plongeurs, plus un *tindal* ou patron, qui sert en même temps de pilote.

Les rameurs aident les plongeurs à remonter. Ceux-ci descendent dans la mer, au nombre de cinq à la fois. Lorsque les cinq premiers ont regagné la surface de l'eau, les autres les remplacent; et en plongeant de la sorte alternativement, ils se donnent le temps de reprendre des forces pour recommencer.

Pour accélérer la descente des plongeurs, on emploie le moyen suivant : on apporte dans chaque barque cinq grosses pierres de granit ; ces pierres, dont la forme est pyramidale, sont arrondies et percées dans la partie la plus mince d'un trou par lequel passe une corde. Afin d'avoir les pieds libres, quelques plongeurs se servent d'une pierre taillée en forme de demi-lune, qu'ils s'attachent sous le ventre lorsqu'ils veulent entrer dans l'eau.

Accoutumés à cet exercice dès leur plus tendre enfance, les plongeurs ne craignent nullement de s'enfoncer de quatre à dix brasses dans la mer. Lorsque l'un d'eux est sur le point de descendre, il saisit avec les doigts du pied droit la corde attachée à la pierre, et de ceux du pied gauche il prend un filet qui a la forme d'un sac. Beaucoup d'Hindous, on le sait peut-être, se servent presque aussi habilement pour travailler des doigts de leurs pieds que des doigts de leurs mains ; et telle est la force de l'habitude, qu'ils peuvent ramasser à terre, avec ceux-là, l'objet le plus menu, aussi facilement qu'un Européen le ferait avec ceux-ci. Le plongeur, s'étant préparé, prend de la main droite une autre corde, et, tenant ses narines bouchées avec la gauche, il descend dans l'eau, au fond de laquelle la pierre l'entraîne rapidement. Il passe ensuite à son cou la corde du filet qu'il fait retomber par devant, et, avec autant de promptitude que d'adresse, il ramasse un aussi grand nombre d'huîtres qu'il le peut pendant l'espace de temps qu'il est capable de rester sous l'eau, c'est-à-dire, pendant deux minutes environ, suivant Percival, et seulement trente secondes, d'après M. Lamiral. Il reprend ensuite sa première position et donne le signal en tirant la corde.

« Les efforts, dit Percival, que pendant cette opération font les plongeurs sont si violents, que, rentrés dans la barque, ils rendent l'eau et quelquefois même le sang par la bouche, par les oreilles et par les narines; mais cela ne les empêche pas de redescendre lorsque leur tour revient. Souvent ils plongent de quarante à cinquante fois en un jour, et à chaque fois ils rapportent une centaine d'huîtres. Quelques-uns d'entre eux se frottent le corps avec de l'huile et se bouchent le nez et les oreilles pour empêcher l'eau d'y pénétrer; d'autres n'usent d'aucune précaution quelconque. Grâce à la souplesse des membres des Hindous et à l'habitude qu'ils en ont contractée dès l'enfance, cet exercice, qu'un Européen considère comme si pénible et si dangereux, leur est extrêmement familier. » Ce n'est pas dire cependant qu'il soit dépourvu de dangers. Il en a, et de plus d'un genre. Il use rapidement la vie de ceux qui s'y livrent; leur corps se couvre fréquemment de plaies, par l'effet de la rupture interne des vaisseaux sanguins; leur vue s'affaiblit, et souvent au sortir de l'eau ils sont frappés d'apoplexie. Après avoir vaincu les révoltes de ses poumons et dérouté les trahisons de son système nerveux, le plongeur doit encore compter avec un autre ennemi. Après l'asphyxie, il y a les carnassiers. La mer renferme des ennemis de l'homme, robustes, féroces, furieux, tels que les requins, les poulpes, les cachalots, etc., contre lesquels il entre rarement en lutte avec quelque chance de succès. Que de fois, malgré sa prudence, sa résolution et son courage, le plongeur a succombé dans la lutte avec ces assaillants terribles, implacables ! Aussi, dès que la présence de l'un de ces animaux est signalée dans une pêcherie, tout travail cesse et les barques regagnent le port.

De l'autre côté du Pacifique, dans la mer de Californie, les plongeurs (*buzos*) sont en général des Indiens Hiaquis, renommés pour leur adresse et leur intrépidité. Bien que les requins se réunissent en grand nombre auprès de ces pêcheries, les Hiaquis plongent dans ce terrible voisinage avec une audace qui fait frémir, surtout si l'on considère la seule arme qu'ils aient à leur disposition : c'est un morceau de bois dont les deux extrémités sont aiguisées et durcies au feu ; cette arme grossière, qu'ils portent à la ceinture de leur caleçon de cuir, s'appelle *estaca*. On sait que, par la conformation de sa mâchoire inférieure, le requin est obligé de se retourner pour happer sa proie ; c'est ce moment que choisissent les plongeurs pour enfoncer le pieu dans la gueule de leur ennemi, dont les mâchoires ne peuvent plus se rejoindre. Un seul genre de requin, la *tintorea*, met en défaut le courage des Hiaquis, dit Gabriel Ferry, et leur fait éprouver cette horrible angoisse que cause aux autres hommes la vue d'un requin ordinaire. Une matière gluante distillée par des trous placés autour de leur museau, et qui se répand sur toute leur peau, les rend luisantes comme des mouches à feu, surtout quand le tonnerre se fait entendre. Cette lueur les fait apercevoir la nuit, et plus la nuit est sombre, plus elles brillent. Par bonheur aussi, elles n'y voient guère, et un nageur silencieux a sur ces monstres l'avantage de la vue.

Un plongeur célèbre dans le golfe de Californie a raconté au spirituel romancier une de ces luttes sous-marines, qui doit trouver sa place ici.

« Lorsque j'eus découvert la tintorea, me dit-il (c'est Gabriel Ferry qui parle), je me jetai à l'eau. Je ne plongeai, comme vous pensez, qu'à une médiocre profondeur, pour ne pas m'essouffler et aussi pour jeter un coup d'œil au-dessus, au-dessous et autour de moi. Les flots mugissaient sur ma tête avec un bruit semblable à celui du tonnerre, des pointes de feu tourbillonnaient comme la poussière par un vent d'orage, mais à côté de moi tout était calme. Je pensai alors que l'animal que je cherchais n'était pas bien loin. En effet, une raie de feu presque imperceptible grossissait peu à peu. La tintorea et moi nous devions être à la même profondeur, mais le requin tendait à remonter; l'haleine commençait à me manquer, et je ne voulais pas donner au requin l'avantage d'être au-dessus de moi. Je ne comptais, pour en venir à bout, que sur le temps qu'il mettrait à faire cette manœuvre. La tintorea nagea vers moi diagonalement avec tant de vélocité, que je me trouvai un moment assez près d'elle pour distinguer aux clartés phosphoriques de son corps la membrane qui couvrait à moitié ses yeux, et sentir ses nageoires brunâtres effleurer mon corps. Le monstre jeta sur moi un regard terne et vitreux. Ma tête en ce moment se trouvait au niveau de la sienne. J'aspirai l'air avec bruit, je m'élançai dans une direction parallèle à environ une demi-vare au-dessus du requin et me retournai; il était temps. La lune fit briller un instant le ventre argenté de la tintorea, et en même temps qu'elle ouvrait une gueule énorme, hérissée comme une carde de dents aiguës et serrées les unes contre les autres, mon poignard s'enfonça dans son corps, traçant aussi loin que mon bras put atteindre un large et sanglant sillon. La tintorea, blessée à mort, fit un bond prodigieux et retomba en battant deux fois l'eau de sa queue; heureusement je n'en fus pas atteint. Seulement je me débattis une minute, aveuglé par une pluie d'écume sanglante qui me fouetta la figure; puis, à la vue de mon ennemi flottant comme une masse inerte et livide sur l'eau qui bouillonnait dans sa blessure béante, je poussai un cri de triomphe !...»

Pour éloigner les requins les Hiaquis ont surtout recours aux exorcismes des sorcières. Ceux du détroit de Manaar s'adressent, eux, aux *pillalkarras,* charlatans qui remplissent les mêmes fonctions dans le golfe de Bengale.

Selon la caste et la secte auxquelles le plongeur appartient, le conjurateur lui prescrit diverses cérémonies préparatoires, dans l'exacte observation desquelles il met une confiance absolue, quoique l'événement soit souvent contraire aux prédictions de l'imposteur.

« Depuis le matin, dit Percival, jusqu'au retour des barques, ils se tiennent sur la côte, marmottant continuellement des prières, se tordant le corps de plusieurs manières fort étranges, et faisant des cérémonies auxquelles eux-mêmes ni les autres ne comprennent rien. Pendant tout ce temps il faut qu'ils s'abstiennent de boire et de manger, sans quoi leurs oraisons n'auraient aucun effet. Cependant ils font quelquefois trêve à cette abstinence et prennent tant de *toddy* (espèce de liqueur qu'on tire du palmier), qu'il ne leur est plus possible de continuer à s'acquitter de leur ministère.

« L'adresse de ces hommes à rétablir leur crédit, lorsqu'un fâcheux accident a fait voir la vanité de leurs prédictions, ne doit point être passée sous silence. Depuis que nous sommes en possession de Ceylan, un pêcheur ayant eu une jambe emportée, les camarades de celui-ci firent venir le principal devin, pour qu'il expliquât ce malheureux événement. Sa réponse montra combien il connaissait ceux auxquels il l'adressait. Il leur dit gravement qu'une vieille sorcière, qui lui portait envie, était arrivée de Colang, sur la côte de Malabar, et avait fait une conjuration contraire qui, pendant quelque temps, avait détruit l'effet de ses enchantements. Il ajouta qu'il ne l'avait pas su assez tôt pour prévenir l'accident qui venait d'avoir lieu, mais qu'il allait faire connaître sa supériorité sur son adversaire, qu'il enchanterait les requins et qu'il leur fermerait la gueule, de manière qu'il n'arriverait plus aucun malheur le reste de la saison. Heureusement pour lui, l'effet répondit à la prédiction. Je laisse au lecteur à décider si l'on dut l'attribuer aux prières et à la science de l'exorciste; mais les plongeurs ne manquèrent pas de le faire, et redoublèrent d'estime et de vénération pour lui. »

Le salaire des plongeurs varie. On les paye soit en argent, soit en leur abandonnant une quantité d'huîtres proportionnée à celles qu'ils prennent; et ce dernier mode est le plus généralement adopté. On fait aussi des loteries, qui consistent à acheter un certain nombre d'huîtres et à courir la chance d'y trouver ou de ne pas y trouver de perles. Les officiers européens et différentes personnes qui assistent à la pêche, soit à cause de leur service, soit par curiosité, sont passionnés pour cette sorte de jeu, et font très-souvent de pareils achats.

Durant la pêche, toutes les barques vont et reviennent ensemble. Pour signal de départ, le navire de l'État en station à Arippo tire, sur les dix heures du soir, un coup de canon. La flotte met alors à la voile, et, profitant de la brise de nuit, elle atteint les bancs avant la pointe du jour, et au lever du soleil on commence à plonger. L'opération continue sans aucune interruption jusqu'à ce que la brise, qui s'élève vers midi, avertisse les barques de retourner à la baie.

Il paraît que, pendant ce retour, les propriétaires de barques et les marchands sont exposés à perdre un grand nombre de perles, parce que, lorsqu'on les laisse quelque temps en repos, les huîtres s'ouvrent d'elles-mêmes. Il est alors facile de découvrir une belle perle, et, au moyen d'un petit morceau de bois, d'empêcher les coquilles de se rapprocher. Il ne faut plus ensuite que trouver l'occasion de commettre le vol. Ceux que l'on emploie à fouiller dans le corps de l'animal se permettent aussi beaucoup d'infidélités. Ils vont même jusqu'à avaler des perles; mais lorsque les marchands les soupçonnent de l'avoir fait, ils les renferment, leur administrent, à forte dose, l'émétique et des purgations, au moyen desquels on recouvre souvent les objets dérobés.

A la sortie de la barque, les huîtres sont déposées dans des trous d'environ deux pieds de profondeur. On les place aussi quelquefois sur des petits espaces entourés d'une palissade, chaque marchand ayant sa division particulière. On étend une natte sur la terre pour empêcher les huîtres de la toucher, puis on les laisse arriver à un état de putréfaction qui permet de les ouvrir plus facilement. Ce système n'a qu'un inconvénient, c'est d'empoisonner l'air à plusieurs milles à la ronde et de rendre la contrée très-malsaine. Mais les négociants de Kondatchy professent pour les mauvaises odeurs la même opinion que Vespasien.

Les perles extraites des coquilles, et parfaitement lavées et nettoyées, sont encore travaillées avec de la poudre de nacre rendue presque impalpable, qui polit et arrondit celles qui peuvent gagner quelque apparence par cette main-d'œuvre. On les trie ensuite par classes, suivant leurs grosseurs, en les faisant passer au travers d'une série de cribles de cuivre de dimensions diverses. Les plus grosses sont comprises sous la dénomination de *mell*, les moyennes sous celle de *vadiroo*, les moindres se nomment *tool*.

Indépendamment des pêcheries de Ceylan, la mer des Indes en possède encore sur les côtes de la Perse. A Karak, à Buchaach, à Kenn, à Palmeira, à

Neichme, à Ormus, nous apprend M. Lamiral, on pêche des huîtres perlières; c'est un droit qui est le privilége exclusif du cheik de Bender-Bouchêhr, et qui constitue un revenu important. Sur les côtes opposées à la Perse, sur celles de l'Arabie, à Ouarden, à Bahreïn, à Gildwin, à Catifa, jusqu'à Mascate et la mer Rouge, la pêche et le commerce des perles et de la nacre se font activement. Sur l'île de Bahreïn cette industrie produit seule 6 millions de francs. Les caboteurs anglais y arrivent avec des cargaisons de marchandises fabriquées qu'ils vendent, puis ils font pêcher pour leur compte et trafiquent des perles avec les Persans, les Turcs, etc. Les marchés spéciaux pour les perles et les coquilles du golfe Persique se tiennent principalement à Bassorah et à Bagdad, d'où ces produits sont envoyés à Constantinople, de là dans nos contrées.

Les pêcheries du nouveau monde, nous l'avons dit, se trouvent sur les côtes de l'Amérique centrale. Les plus anciennes remontent aux caciques; elles étaient situées entre Acapulco et le golfe de Tehuantepec; les Espagnols en créèrent d'autres près de Cubagua, de Margarita, de Coche, de Darien, de Panama, etc., et les succès de ces entreprises furent si avantageux que leur commerce donna bientôt naissance à des villes riches et populeuses. A cette époque, qui fut celle de la splendeur espagnole, Ferdinand, Charles-Quint, Philippe II, recevaient de leurs colonies des perles pour une valeur annuelle de plusieurs millions de piastres fortes. Les parages qui fournissent aujourd'hui des perles et des coquilles de nacre au commerce européen, en partie monopolisé par l'Espagne, sont les golfes de Panama et de Californie; mais les Indiens et les nègres plongeurs sont devenus rares, et les troubles qui ont agité et qui agitent encore ces contrées s'opposent au développement de leurs pêcheries.

II

LE CORAIL.

L'opinion des anciens sur la nature du corail était loin d'être exacte. Théophraste le compare à l'hématite, et il dit aussi qu'il est semblable à une racine et qu'il croît dans la mer. Dioscoride pense également que ce corps est de formation végétale. « C'est, suivant lui, un arbrisseau marin, qui, tiré de la mer, se durcit aussitôt à l'air; il suffit même de le toucher encore vivant pour le pétrifier. » Ovide avait dit à propos de cette production :

Sic et Corallium, quo primum contigit auras
Tempore, durescit : mollis fuit herba sub undis.

Ce sont autant d'assertions erronées, mais

furent longtemps acceptées comme l'expression de la vérité ; c'est seulement en 1585 qu'un peu de jour commença à se faire sur cette étrange production. A cette époque, le chevalier J.-B. de Nicolaï, préposé à la pêche du corail sur les côtes de Tunis, fit plonger exprès un pêcheur à qui il ordonna d'arracher le corail et d'observer s'il était mou ou dur. Contrairement à ce que disaient les anciens, cet homme constata qu'il n'était pas moins dur dans la mer que dehors. Nicolaï voulut s'assurer du fait par lui-même : il plongea aussi et le reconnut exact.

En 1613, Ong de la Poitier, gentilhomme lyonnais, confirma cette observation, et il revit le suc laiteux du corail frais, dont avait aussi parlé Nicolaï. Il ajouta encore cette donnée intéressante, que les branches du corail, même tirées de la mer, ne sont rouges et polies que lorsqu'on en ôte l'écorce molle et souple qui les recouvre.

En 1671, l'Italien Boccone s'occupa du corail, mais d'une manière moins heureuse encore, puisqu'il prétendit que c'était un minéral. « Le corail, dit-il, n'a ni fleurs ni feuilles, ni graines ni racines ; il est donc bien éloigné du genre des plantes, et doit être mis dans le genre des pierres. » Mais l'opinion de ce naturaliste eut peu de crédit, et Tournefort, qui d'ailleurs faisait végéter même la pierre, replaça le corail parmi les plantes.

En 1706, Marsigli sembla décider la question

d'une manière péremptoire en annonçant à l'Académie des sciences de Paris la découverte qu'il venait de faire des fleurs du corail. « Je vous envoie, écrit-il à l'abbé Bignon, qui présidait alors l'Académie, l'histoire de quelques branches de corail qui se sont *toutes couvertes de fleurs blanches*..... Dans la pensée qu'il était important de conserver une branche de corail dans une humidité suffisante, pour pouvoir observer dans le cabinet et hors de l'agitation tout ce qui appartenait à l'écorce, j'avais eu soin de porter avec moi les vaisseaux de verre que je remplis de la même eau où l'on avait pêché, et où je mis quelques-unes de ces branches... Le lendemain matin je trouvai toutes mes branches de corail couvertes de fleurs blanches de la longueur d'une ligne et demie, soutenues d'un calice blanc d'où partaient huit rayons de même couleur, également longs et également distants les uns des autres, lesquels formaient une très-belle étoile, semblable, à la grosseur, à la couleur et à la grandeur près, au girofle. » Marsigli raconte ensuite comment, ayant retiré le corail de l'eau pour en observer les fleurs plus commodément, ces fleurs disparurent; comment, l'ayant replongé dans l'eau, elles reparurent. Cependant il n'en déduit pas que ce dût être autre chose que des fleurs, et la gloire d'avoir découvert la véritable nature de ces prétendues fleurs, et, par suite, celle du corail lui-même, revient tout entière à Peyssonnel.

Ce dernier, qui était médecin botaniste du roi, observa d'abord sur les côtes de Provence, et ensuite pendant une mission qu'il avait reçue pour les côtes de Barbarie, le genre de vie et la conformation du corail. On possède de lui une histoire de ce zoophyte, histoire dans laquelle il est aussi question de plusieurs productions analogues; c'est un des manuscrits les plus précieux de la Bibliothèque du Muséum de Paris. Peyssonnel y explique comment ce que l'on avait cru être la fleur de cette prétendue plante n'était qu'un animalcule semblable à une petite ortie de mer, c'est-à-dire à une actinie. « Cet insecte (1), dit Peyssonnel, s'épanouit dans l'eau et se ferme à l'air, ou lorsqu'on verse dans le vase où il est des liqueurs acides, ou lorsqu'on le touche avec la main, ce qui est ordinaire à tous les poissons et insectes testacés d'une nature baveuse et vermiculaire. » Et plus loin : « J'avais le plaisir de voir remuer les pattes ou pieds de cette ortie, et ayant mis le vase plein d'eau où le corail était auprès du feu, tous ces petits insectes s'épanouirent. Je poussai le feu et fit bouillir l'eau, et je les conservai épanouis hors du corail. »

(1) On appelait alors *insectes* un grand nombre d'animaux auxquels nous ne donnons plus ce nom, et *poissons* la plupart des êtres qui habitent l'eau. On s'étonnera moins de l'emploi de ces expressions vagues à une époque si peu scientifique, si l'on se rappelle que beaucoup de personnes s'en servent encore pour désigner ces mêmes individus.

Le peu d'accueil fait par l'Académie aux belles recherches de Peyssonnel et le discrédit dans lequel elles tombèrent pendant quelque temps, parce que Réaumur, alors puissant dans la science, crut devoir les révoquer en doute, sans avoir essayé néanmoins de les vérifier, empêcha probablement la publication du manuscrit auquel nous empruntons ces curieux détails. Cependant hâtons-nous d'ajouter que l'opposition de Réaumur, bien qu'intempestive, était uniquement scientifique, et son attachement à l'auteur qu'il critiquait avait été l'unique cause pour laquelle il s'était abstenu de livrer ce travail à la publicité. Réaumur saisit d'ailleurs avec empressement la première occasion qui se présenta de rendre à Peyssonnel pleine et entière justice.

Grâce aux études dont ce savant a donné le signal, on sait maintenant et d'une façon très-exacte ce que c'est que le corail; et l'on peut le définir comme le résultat de l'endurcissement extérieur d'un polypier assez voisin des gorgones, et plus encore des isis et des antipathes. Sa prétendue écorce en est la partie la plus récente, et comme elle n'a pas la consistance de la tige intérieure, on ne la conserve pas dans le commerce. C'est elle qui loge, dans de petits enfoncements cellulaires, les nombreux polypes dont le corail est à la fois le support et le produit.

Le corail se tient fixé aux rochers par un épatement de sa base. La profondeur à laquelle on le trouve est variable dans certaines limites. On assure que plus il est pris bas plus il est petit, et qu'on ne l'a pas encore pêché au-dessous de 6 à 700 pieds. Il est habituellement d'un beau rouge; mais on en trouve de teinte plus ou moins pâle, et il y en a même qui est rose ou blanchâtre.

Le corail que l'on pêche sur les côtes de France est renommé à cause de sa couleur plus éclatante. Dans le commerce on distingue un grand nombre de variétés de coraux, qui, à raison de leur teinte, sont dits : *Coraux écumes de sang*, *fleurs de sang*, *premier, second et troisième sang, etc.*

On ne trouve le corail que dans la Méditerranée, près de Marseille, sur les côtes de la Corse, de la Sardaigne, des Baléares, et auprès de Tunis et de la Calle. Ce dernier point est depuis longtemps celui qui fournit la plus grande partie du corail du commerce. Quoique la pêche en soit le plus souvent faite par des Maltais, l'industrie à laquelle elle donne lieu mérite d'être considérée comme française. Dès le commencement du XVIe siècle, époque où l'usage du corail se répandit à la cour de François Ier, la France tourna son attention vers ce précieux produit. Sous Charles IX, deux négociants de Marseille, Thomas Linches et Carlin Didier, achetèrent le privilége de la pêche du corail sur un point de la côte algérienne, et posèrent les premiers fondements de l'établissement connu depuis sous le nom de

9.

Bastion de France, à trois lieues de la Calle, entre Bône et Tunis.

Linches et Didier se ruinèrent dans cette entreprise ; mais, comme le corail des côtes d'Afrique était très-supérieur à celui des mers d'Italie, une autre compagnie française se présenta, et étendit les opérations de cette pêche en créant successivement des comptoirs au cap Roux, à Bône, à Collo, à Djidjelli et à Bougie. C'est seulement en 1594 que le centre de ses opérations fut transporté à La Calle, opérations qui reçurent une certaine extension.

En 1604, le traité négocié à Alger par M. de Brêves assurait exclusivement aux Français le droit de pêche du cap Roux au cap de Fer. En 1619, sous Louis XIII, c'est le duc de Guise, gouverneur de la Provence, que nous voyons propriétaire de la concession, à laquelle il donna un nouveau développement par l'intermédiaire d'un agent habile, nommé Sanson Napollon.

Dix ans après, le cardinal de Richelieu envoya en Barbarie plusieurs agents, et, en 1640, il tentait de fonder un nouvel établissement à Stora. Après le traité conclu le 7 juillet 1640 par le sieur Cosquiel, à qui Louis XIII assura le titre de capitaine-consul, la redevance à payer à Alger est évaluée à 7 ou 8,000 écus. Plus tard, en 1694, sous Louis XIV, le privilége passa, pour dix ans, à une compagnie qui recevait une subvention annuelle de 40,000 livres, mais qui, à son tour, versait annuellement une somme de 105,000 livres au gouvernement algérien.

Sous Louis XV, en 1719, la Compagnie des Indes succède à la Compagnie française. L'Inde et l'Asie-Mineure étaient alors les principaux débouchés pour le corail. Puis, c'est la *Société Auriol*, de Marseille, et plus tard, en 1741, la *Compagnie d'Afrique*, qui succèdent à celle des Indes. En 1750, la redevance est de 43,360 fr.; en 1790, de 60,000.

La République ne vit pas d'un bon œil ce qu'elle appelait le monopole du corail, et, pour ne pas mentir à ses principes, en 1794, la Convention supprima l'établissement et appela les étrangers à concourir à la pêche. Cette fâcheuse mesure porta un coup terrible à nos intérêts, et, quoi qu'on ait fait depuis, ils ne se sont que très-faiblement relevés.

On a dit, pour expliquer cette décadence, que la France avait cessé l'usage des parures en corail; ceci n'a été vrai que pendant un moment. Les pays étrangers d'ailleurs ne restent-ils pas ouverts à notre industrie? L'Italie fait un usage considérable du corail; l'Amérique en consomme pour sa population de couleur; le Maroc en achète aussi une assez grande quantité; le corail commence à pénétrer dans les îles de l'Océanie; d'importants dépôts de corail ont été établis à Alep, Goa, Calcutta et Madras. Les caravanes transportent les bijoux façonnés avec cette substance dans l'intérieur des contrées indiennes, où, suivant les usages religieux, les morts emportent dans la tombe les bijoux dont ils se paraient pendant leur vie. Cette branche d'industrie n'est donc pas détruite ; elle n'est que déplacée.

Le gouvernement cherche depuis longtemps à la restituer à nos marins de la Méditerranée, et, pour obtenir ce résultat, il a fait appel à tous les gens compétents et de bonne volonté. De tous les avis émis, celui que donne M. Focillon dans son rapport de 1857 nous paraît le meilleur. Il consiste dans l'exploitation méthodique des bancs naturels et la création de bancs artificiels dans des conditions favorables à leur exploitation ultérieure.

La façon dont on recueille le corail est en effet fort défectueuse, comme toutes les pêches confiées aux plongeurs. Ceux-ci se servent d'une machine appelée *salabre* à Marseille, et qui n'est autre chose que deux forts bâtons mis en croix et solidement fixés l'un à l'autre. A leur point de jonction est attachée une corde fort longue, ainsi qu'un boulet ou un autre corps pesant. L'extrémité de ces bâtons sert à fixer un filet de cordelettes à larges mailles, en forme de bourse ouverte ; les bâtons sont entourés d'étoupes dans toute leur longueur. On se sert de cette machine en la traînant sur les rochers, en l'introduisant sous leurs saillies, le tout ordinairement à tâtons. Les coraux qu'elle rencontre sont brisés, leurs branches s'entortillent aux étoupes ou tombent dans les filets; mais il faut dire qu'il s'en échappe plus qu'il n'en reste d'accrochées.

A l'emploi de la drague qui brise, arrache et ramène très-incomplétement les débris qu'elle a faits, pourquoi n'emploïerait-on pas les bateaux sous-marins? Comme le remarque M. Focillon, ceux-ci faciliteraient la cueillette à la main, laquelle ne permettrait pas seulement de choisir chaque morceau, mais encore d'épargner les jeunes pousses et de constater à chaque saison l'état des bancs. Dans ces conditions, la pêche serait aussi productive qu'une récolte à la surface du sol. On pourrait, en outre, grâce à ce procédé, combiner l'ensemencement du corail avec sa pêche méthodique; car ce zoophyte croît partout où on le pose, dans les eaux qu'il habite naturellement. La production de nouveaux bancs, l'extension, l'entretien rationnel des bancs existants, l'avenir de l'industrie coralligène, en un mot, ressort donc péremptoirement de l'emploi de la navigation sous-marine. Malheureusement, si la science est une bonne chose, la routine en est une autre si commode!

III

COQUILLAGES ET NACRES.

La belle collection de coquillages exposée, en 1867, au Champ de Mars, par M. Delessert, a montré que le corail et les perles ne constituaient pas toutes les richesses des fonds marins. Ils venaient de toutes les mers du globe, ces beaux coquillages; des Indes, du Cap, de Panama, de Madagascar, des Antilles, d'Australie, etc. Mais c'est à Singapour qu'est centralisée cette denrée non moins recherchée par l'industrie que par les amateurs. C'est de là que nos villes manufacturières, nos ports de mer et les boutiques de nos *waterings-places* à la mode la reçoivent. Dans la vitrine dont nous parlons, si bien organisée par M. le docteur Chenu, sous de grandes ramifications de coraux jaunes on remarquait surtout d'énormes volutes à la peau d'un blanc crayeux, à la bouche noire et rouge sillonnée de bourrelets blanchâtres; c'étaient des casques des Lucayes. A côté d'eux on avait placé des casques roses des îles Bahama et des casques rouges du Cap. C'est dans ces coquillages, gros comme la tête d'un homme, que l'on taille les camées. Chacune de ces coquilles ne fournit qu'un petit nombre de plaques de premier choix, et encore faut-il qu'elle ait la lame épaisse et non piquée par les vers marins perforants. Une belle coquille casque vaut jusqu'à 25 francs, et son prix peut descendre jusqu'à 1 fr. 50, ce qui explique la valeur du camée, indépendamment de celle que lui donne l'artiste.

A côté de ces casques on admirait encore les tridacnes, dont on fait à Rome des mosaïques, et des hippopes, coquilles d'un blanc pur, moucheté de rouge ou de jaune, aux côtés relevés, découpés en gracieux festons, et dont les marchands de bronze font de coquets bénitiers.

Plus loin c'étaient des haliotides qui attiraient les regards, non pas les haliotides recherchées des paysans bretons, mais de magnifiques coquilles venant des mers de Chine. C'est dans leur nacre rose, irisée ou verte, que les Chinois lèvent ces lames minces comme du papier dans lesquelles ils découpent les feuilles de leurs éventails ou les incrustations de leurs meubles et de tant d'autres objets.

En général, la nacre employée par notre industrie est extraite des grosses huîtres des mers des Indes, de l'espèce qui produit déjà la perle (*ostrea meleagrina margaritifera*). La surface externe en est rugueuse; mais dès qu'elle est enlevée, on rencontre des plaques de nacre plus ou moins épaisses, suivant l'âge du coquillage : les plus belles ont de huit à dix ans, et leurs plaques peuvent mesurer de 8 à 10 centimètres de diamètre; l'épaisseur va jusqu'à 2 centimètres.

Les belles nacres sont de diverses espèces et portent divers noms. La première en qualité est la *nacre franche argentée* en plaques. On l'importe des Indes anglaises et hollandaises, de la Chine, du Pérou, etc. Le transport de ces coquilles coûte peu; elles servent généralement de lest aux navires qui nous les apportent.

La *nacre bâtarde blanche*, qui vient ensuite, est d'un blanc jaune et quelquefois verdâtre, irisée de reflets rougeâtres et verts. Ce qu'on nomme la *nacre bâtarde noire* est une variété d'un blanc bleuâtre, avec des reflets rouges, bleus, verts.

Depuis une douzaine d'années, la moyenne annuelle de l'importation des nacres en France a été de 500,000 kilogrammes, en nombre rond. Nous ne saurions estimer celle qui se fait ailleurs, mais on doit supposer qu'elle est considérable. Ajoutons que certaines espèces ont une valeur monétaire. Jadis les aborigènes de l'Amérique du Nord, à défaut d'argent monnayé, se servaient de la coquille de la *musa arenaria*, qu'ils nommaient *wampum*. Dans l'Inde, dans l'archipel Indien, sur les côtes d'Afrique et dans l'Afrique centrale, c'est le *cauri*, petit coquillage blanc et luisant, de la famille des porcelaines, très-abondant dans les mers de l'Inde et même dans l'Atlantique, qui sert de monnaie courante. Son usage est très-ancien, ainsi que l'atteste la mention qu'en fait un samanéen chinois, Fa-Hien, qui voyagea dans l'Inde de 399 à 414. Ils sont également signalés comme servant de monnaie par un autre pèlerin illustre, Hiouen-Thsang, qui parcourut l'Inde au VIIe siècle, et par les voyageurs arabes. On donne au Bengale 1,540, et dans le royaume de Siam, 2,400 cauris pour un franc. La valeur est décuple en Afrique. Ils sont très-recherchés sur les côtes d'Or, de Calebar, de Benin, dans la Sénégambie et dans la Nigritie. On en donne, dans cette contrée, 122 pour un franc. L'Angleterre fait un assez grand commerce de ces coquillages. Que n'achète-t-elle et que ne vend-elle pas d'ailleurs?

Disons en terminant à ceux de nos lecteurs que l'emploi d'une pareille monnaie pourrait surprendre, qu'il en est de plus excentriques encore. Les monnaies courantes des Malais, dans l'archipel de Soulou, sont des pièces de toile de coton : le *sanampouri*, le *caugyan*, le *kaou-song* ou *nankin*. Les petits payements se font avec le *paddy*, ou riz en paille, non-seulement à Soulou, mais aussi dans les Philippines. La pièce de *caugyan* est également, à Bornéo, l'intermédiaire des échanges, comme la pièce de *nankin* l'est à Kiakhta, sur la frontière mongole, et la pièce de *guinée* dans la Sénégambie.

IV

LA POURPRE.

Le coquillage d'où les anciens tiraient la belle couleur rouge connue sous le nom de pourpre n'était pas fourni par une espèce unique, mais par plusieurs gastéropodes du genre *pourpre* et *rocher* (*purpura* et *murex*). C'est à M. Lacaze-Duthiers que l'on doit la découverte de la glande qui, chez l'animal, produit la pourpre. Cette matière est légèrement blanche ou faiblement jaune, parfois un peu grisâtre. Si l'on en imbibe une étoffe de soie ou de laine, celle-ci prend d'abord une couleur jaunâtre qui, par son exposition à la chaleur modérée des rayons solaires du matin, devient d'abord verdâtre, ensuite violette, et d'un beau pourpre. Ces changements s'opèrent plus ou moins vite suivant la chaleur du soleil; quand elle est trop forte, on les distingue à peine; nous devons ajouter que, lorsqu'on ne soumet à cette action solaire qu'une partie de l'étoffe imbibée, cette même partie devient pourpre, tandis que l'autre, qui est à l'ombre, reste verte. La chaleur du feu produit aussi ces changements; mais il faut qu'elle soit plus forte que celle du soleil. Frédol dit que ces transformations successives sont accompagnées d'une odeur très-vive et très-pénétrante, qu'on a comparée tantôt à celle de la poudre qui vient de prendre feu, ou à celle de l'oignon brûlé, tantôt à celle de l'essence d'ail ou à celle de l'assa fœtida. Cette odeur se conserve longtemps et se manifeste surtout lorsqu'on humecte le tissu, même un an après sa coloration.

Chaque coquillage ne fournissant qu'une très-faible quantité de peinture, la pourpre était naturellement réservée aux manteaux des grands personnages, qui la préféraient aux autres teintures, par cette excellente raison que, soumises à l'action de l'eau ou du soleil, celles-ci se fanaient, tandis que c'était le contraire pour la pourpre. On se souvient peut-être que les robes prétextes des premiers magistrats en étaient teintes : de là l'expression de *vestis purpurea* pour désigner un sénateur, un consul. Quant aux femmes, la pourpre leur était interdite. Ne l'oubliez pas, ô tragédiennes !

La connaissance de la pourpre remonte aux temps les plus reculés ; chez les Hébreux, on la remarque parmi les ornements du grand prêtre et du tabernacle. La pêche de ce murex se faisait alors sur les côtes d'Afrique, de la Grèce, de la Phénicie et de divers points de la Méditerranée.

Les Tyriens excellaient dans l'art de l'employer.

C'est pour cela que les poëtes disaient : *Tyrioque ardebat murice lana*. Horace appelle la pourpre par excellence *lana tyria*, Virgile *sarranum ostrum*, Juvénal *sarrana purpura*. On lit dans les mémoires de Catel, dans la *Gallia christiana*, etc., qu'il existait dans tout l'empire romain neuf teinturiers en pourpre, dont la direction était une des grandes dignités de l'empire. Celui qui dirigeait celle de Narbonne, dont on a retrouvé les vestiges en 1810, prenait le titre de *procurator baphii narbonensis in Galliis*. Lorsque Alexandre s'empara de Suze, il y trouva 5,000 quintaux de la riche pourpre d'Hermion, qui, à 300 fr. la livre, font 150 millions de notre monnaie.

On préfère aujourd'hui à ces produits marins la cochenille, la garance, des substances tirées de la houille, etc. Il faut regretter qu'on en ait abondonné l'usage, surtout pour ces belles tapisseries des XVIIe et XVIIIe siècles, dont le temps, hélas! a dévoré les tons charmants, que la pourpre eût conservés. Les gastéropodes pourtant ne sont pas moins abondants dans la Méditerranée qu'au temps des Césars. On peut l'extraire également de la coque *persique*, qu'on nomme *pourpre de Panama*. On trouve aussi dans les mers des Indes occidentales un poisson à coquille de la bouche duquel on tire une couleur pourpre qui n'est pas inférieure à celle des anciens. Les Antilles françaises ont encore leur *pourpre marine;* enfin l'on trouve sur nos côtes, du côté de Pornic et de La Rochelle, un coquillage, le *rocher hérisson*, que Frédol indique comme produisant une jolie couleur bleuâtre.

D'après M. Martin Ziégler, un des esprits les plus chercheurs de ce temps, on pourrait la trouver encore, si l'on voulait s'en donner la peine, dans un mollusque nommé aplysie ou lièvre de mer, fort commun dans la Méditerranée. Cet animal dispose d'une petite réserve de liqueur pourpre obscur qui lui sert, comme la sépia aux poulpes, à colorer l'eau lorsqu'un danger les menace. Cette sécrétion n'a qu'un défaut, c'est de faire enfler les mains de ceux qui la touchent imprudemment. Et sans doute est-ce pour ce motif que les lièvres de mer étaient regardés par les anciens comme des animaux malfaisants. On leur attribuait même une influence magique, par exemple celle d'agir sur le cœur du beau sexe et sur ses déterminations. Apulée, on s'en souvient, faillit devenir victime de cette superstition. Lorsqu'il eut épousé Pudentilla, riche veuve dont la fortune vint fort à propos relever la sienne, compromise par ses coûteuses études, les parents de cette femme, qui se voyaient spoliés, l'accusèrent de magie. Apulée plaida lui-même sa cause, et prononça devant ses juges une apologie qui, on s'en souvient peut-être, fut pour lui un triomphe, et pour ses ennemis le sujet d'une honte ineffaçable.

V

LE BYSSUS.

Une tentative d'acclimatation qui n'a pas été faite encore, mais qui se fera sur nos bords méditerranéens ou en Algérie, est celle de ces coquilles que l'on nomme vulgairement *jambonneaux*, en raison de leur forme, et dont Lamarck signale quinze espèces, dont les principales sont la pinne rouge et la pinne hérissée. Ces bivalves ne sont point comestibles, mais possèdent un byssus ou touffe de filaments très-curieux. Fins et abondants, les fils qui le composent sont longs, serrés, lustrés, soyeux, brunâtres, un peu dorés et d'une couleur inaltérable. A diverses époques, on a employé ce byssus à la fabrication de certaines étoffes; les anciens le teignaient avec la pourpre; malheureusement, le secret ayant été perdu, on n'a pas trouvé depuis l'art de donner à cette matière la teinture qui lui serait nécessaire. Cependant, il y a quelques siècles, les tissus dont il s'agit étaient, en Italie, l'objet d'un commerce assez étendu. La Calabre et la Sicile fournissaient des étoffes variées, des bas et des gants recherchés à cause de leur moelleux, de leur lustre, et parce qu'ils étaient très-chauds. Aujourd'hui, c'est la *Terra di Lavoro* qui paraît avoir le monopole de cette industrie : on y fabrique une espèce de drap soyeux d'un brun doré à reflets verdâtres, dont manquent rarement de faire emplette les étrangers.

Cependant un de nos fabricants a exposé il y a quelques années une pièce d'étoffe faite entièrement de byssus de pinne. Cet exemple n'a pas été imité. Peut-être la difficulté de se procurer une grande quantité de matières premières est-elle pour beaucoup dans l'oubli de cette initiative. Nous ne savons pas si les pinnes de la Méditerranée sont susceptibles d'être élevées et propagées comme les huîtres, et si l'on ne pourrait pas se livrer avec succès à la pinniculture comme on le fait avec l'ostréiculture. Mais n'est-il pas permis de supposer qu'ici encore il y a une industrie à créer, de grosses fortunes à faire ?

VI

LES AMBRES

Les ambres sont encore des produits que le commerce emprunte à la mer. Ils sont de deux sortes : l'ambre gris et l'ambre jaune. L'un se trouve sur la surface de la mer, ou à l'état d'épave, sur les rives de

Madagascar, des Moluques, du Japon, etc. Mais on ne connaît pas exactement son origine. Est-ce une résine végétale, modifiée par l'action combinée de l'eau salée, de l'air et du soleil? Est-ce un produit bitumineux, élaboré dans le grand et mystérieux creuset du fond des mers? N'est-ce enfin, comme le suppose Blainville, que le résultat d'une sécrétion des cétacés? C'est ce que la science n'a pas encore démontré.

L'ambre jaune, qu'on nomme aussi karabé ou succin, est mieux connu. Comme on le rencontre au milieu des sables, des argiles et des morceaux de lignite qui appartiennent à la formation de l'argile plastique, on a conclu que c'était une matière végétale à l'état fossile.

On l'y trouve presque constamment en nodules disséminés, dont la grosseur varie depuis celle d'une noisette jusqu'à celle de la tête d'un homme. C'est surtout dans la Prusse orientale qu'il abonde, sur les côtes de la mer Baltique, depuis Memel jusqu'à Dantzick, et principalement dans les environs de Kœnigsberg. Il résulte des dernières recherches que le sol de ces territoires en contient dans une proportion d'un kilogramme par 24 pieds cubes. Une faible partie seulement peut être employée à la fabrication de porte-cigares, de broches, de perles olives livournaises et d'autres objets d'art et de luxe; la plus grande quantité, que la couleur soit claire, transparente ou opaque, ne peut servir qu'à fabriquer des grains de colliers et de chapelets, qu'on exporte en Afrique, dans les îles de la mer du Sud et aux Indes orientales, où ils constituent des objets très-recherchés par le commerce d'échange, On peut admettre que la moitié de toute la production sert à confectionner ces grains percés dont l'écoulement a lieu sur une vaste échelle, et dont le débit est d'autant plus assuré qu'ils sont connus des indigènes de ces contrées depuis Hérodote, et qu'ils ont conservé jusqu'à ce jour le même attrait à leurs yeux. Le reste est utilisé comme article de fumigation aromatique, ou converti en huile ou laque de succin. On se sert de l'huile et de l'acide pour produire l'ammoniaque succinique ou carabérique. On emploie également de l'acide de succin dans la teinturerie et dans la photographie. La laque succin, par contre, s'approprie parfaitement au badigeonnage de tuyaux en fer, de portes, de machines, d'objets en fonte, etc., auxquels elle donne une nuance d'un noir très-foncé. Est-il nécessaire d'ajouter que les propriétés que le succin acquiert par le frottement lui ont valu l'honneur de donner son nom latin à la science qui a pour objet les phénomènes électriques ?

IV

L'AGRICULTURE MARITIME

Les Huîtres. — L'Ostréiculture. — Les Moules et la Myticulture. — Les Praires. — Les Clams. — Oursins, Haliotides, Bucardes, Solens, Holothuries. — Les Éponges. — Les Algues.

I

LES HUITRES

Peut-être nous sommes-nous arrêté trop longtemps aux perles, aux coraux, aux coquilles. Cela charme, cela enchante, et l'on s'oublie. Ce que nous avons aussi perdu de vue, c'est le rôle bienfaisant du fond de la mer, la part qu'il prend dans notre alimentation. L'un et l'autre sont grands. Ils le seraient davantage si jusqu'ici on avait considéré les fonds marins comme ils doivent l'être, c'est-à-dire comme des champs, semblables à ceux que baigne le soleil, et comme ceux-ci capables de fournir d'amples moissons, de venir au secours de notre vieux sol fatigué.

Ce qu'ils fournissent en abondance, ces champs liquides, ce sont les coquillages, parmi lesquels l'huître tient le premier rang.

Depuis combien de temps mange-t-on des huîtres? Nous l'ignorons; car les hommes furent longtemps avant de vaincre la répugnance que ce mollusque inspire tout d'abord. « *Animal est aspectu horridum et nauseosum*, dit avec raison Lentilius; *sive adspectes in sua concha clausum, sive apertum, ut audax fuisse credi queat qui primum ea labris admovit.* Une fois cependant que le savoureux morceau eut été goûté, l'aspect horrible et nauséabond de l'animal fut vite oublié. Les gastronomes apprirent à apprécier les différentes qualités du délicieux testacé, qui fut dès lors recherché à ce point que les dames romaines elles-mêmes s'en gorgeaient avec avidité, quitte à aller ensuite dans une chambre voisine du cénacle débarrasser leur estomac en titillant leur gosier avec une plume de paon, ce qui leur permettait de manger de nouveau.

Les Romains se contentèrent d'abord de ces huîtres du Lucrin, qui appartenaient aux espèces *rosacea*, *lacteola*, *cristata*, *stentina*, ou même à l'espèce corse, *lamellosa*. Plus tard, lorsqu'ils eurent été mis à même de faire la différence entre les sujets de la Méditerranée et ceux de l'Océan, particulièrement avec ceux d'Arcachon et de la Manche, *O. plicata* ou gravette, *O. edulis*, *O. hippopus*, ils donnèrent la préférence aux dernières. Ils les faisaient venir à grands frais, enveloppées de neige et comprimées de façon à ce qu'elles ne pussent s'ouvrir : procédé encore employé de nos jours; car nous avons hérité du goût des Romains pour l'huître comme du reste. Et c'est fort bien

L'huître, dit Moquin-Tandon (Frédol), est la palme et la gloire de la table. Elle peut être considérée, ajoutent les hygiénistes, comme l'aliment digestible par excellence; c'est la base de toutes les substances capables de nourrir et de guérir sans effort l'estomac; c'est le premier degré de l'échelle des plaisirs de la table réservés par la Providence aux estomacs délicats, aux malades et aux convalescents. Elle a cet avantage sur les autres aliments, sans même en excepter le pain, qu'elle ne produit jamais d'indigestions; on peut en manger aujourd'hui, demain, toujours, en manger à profusion, aucun malaise n'est à redouter. Vitellius l'a prouvé : il en mangeait, dit-on, quatre fois par jour, et douze cents à chaque repas, ce qui donne un total de quatre mille huit cents! Mais doit-on ajouter foi à tout ce que nous racontent les historiens de l'antiquité? Ce qui est plus exact, c'est l'histoire du docteur Gastaldy, gastronome célèbre, qui fut frappé d'apoplexie à table, son champ d'honneur à lui. Il en absorbait impunément de trente à quarante douzaines. La facilité avec laquelle l'estomac digère les huîtres s'explique lorsque l'on sait que deux cents de ces mollusques ne représentent que les 315 grammes de substance azotée sèche nécessaires à la nourriture d'un homme de moyenne taille. Au point de vue de la thérapeutique, l'huître constitue un médicament de premier ordre; elle représente l'eau de mer, comme les laits médicamenteux de M. le docteur Labourdette représentent l'iode, le sel marin, le fer et l'arsenic (1). Or, l'eau de mer contient des chlorures de sodium, de potassium et de magnesium, des sulfates de magnésie et de chaux, du carbonate de chaux, du bromure de magnesium, voire même de l'argent, tous éléments qui, mêlés à ceux qui sont propres à l'huître, parmi lesquels du phosphore et du fer, s'assimilent par elle d'une façon plus absolue que s'ils étaient ingérés à l'état brut. C'est un fait aujourd'hui reconnu par tous les médecins qui s'occupent de chimie; ces praticiens sont malheureusement trop rares.

En France, nous consommons environ cinq cents milliers d'huîtres par an, représentant sur le littoral, au prix de 21 francs le mille, une valeur approximative de 10,500,000 francs. Un tiers environ de ces huîtres est consommé sur place, ou transformé en conserves;

(1) Ce savant, auquel on doit déjà un procédé pour la production rapide des champignons de grande taille, n'a fait ici que démontrer par la pratique une théorie très-ancienne et longtemps dédaignée, on ne sait pourquoi. Agissant d'après ce fait, démontré par l'analyse, que les médicaments se retrouvent dans le lait, il mêle, avec certaines additions, aux aliments de ses vaches, des préparations iodées, martiales ou arsénicales, et obtient d'elles un lait très-abondamment saturé de ces corps. Et comme le lait est une des substances qui s'assimilent le mieux, il entraîne naturellement dans l'individu les principes dont il est chargé, et qui, lorsqu'on les prend sous une autre forme, sont presque entièrement rejetés.

le reste est expédié sur les marchés de l'intérieur. A Paris, où la consommation atteint 75 millions par an, la valeur du cent d'huîtres est actuellement (1867-68) de 7 fr. 06, soit 88 centimes la douzaine. Il n'était que de 1 fr. 25 à 1 fr. 50 au commencement de ce siècle. Il est vrai que le marché français n'avait pas alors les débouchés qu'il a aujourd'hui. Ces derniers ne se trouvent pas seulement dans nos départements du centre : grâce aux chemins de fer, la Suisse, l'Allemagne, l'Italie, l'Angleterre elle-même viennent chercher dans nos ports ce qui manque à leurs eaux.

On le sait peut-être : avant de passer du fond de la mer, son berceau, sur la table, son tombeau, l'huître a subi plusieurs préparations. Et d'abord elle a été pêchée. Pour l'arracher à son banc natal, on se sert d'un engin spécial nommé dragué. C'est un grand instrument de fer, en forme de pelle recourbée et garni d'une poche en filet. On le jette sur le banc; le bateau, poussé par le vent, entraîne la drague, qui, comme un râteau, ramasse tout ce qu'elle trouve sur le sol, les huîtres et le reste. Ces coquillages sont alors loin d'être mangeables. La fameuse huître de Cancale, souvent prise sur un fond vaseux, est maigre, de mauvais goût. En général, elles sont trop salées. Toutes n'ont pas d'ailleurs la taille exigible. On les transporte donc dans des *parcs* Ce sont des réservoirs d'un mètre de profondeur environ, qui communiquent avec la mer. Le fond en est entretenu avec beaucoup de soin, afin que l'eau y soit toujours limpide. Des hommes, nommés *amareilleurs*, s'occupent du soin que réclament les huîtres parquées, soin qui consiste à les visiter chaque jour, pour enlever les mortes, ou changer de place et même de parcs celles qui dépérissent.

Indépendamment de ces réserves, il existe sur les côtes des parcs généralement connus sous le nom d'*étalages*. Ceux-ci, qui ne découvrent que rarement, reçoivent les coquillages qui n'ont pas atteint leur développement. Les plus célèbres de ces étalages sont sans contredit ceux d'Ostende et ceux de Marennes, où les huîtres prennent cette teinte verte et ce goût qui les rendent si chères aux gourmets.

Ceux d'Ostende sont au nombre de sept; ils reçoivent annuellement 15 millions d'huîtres de provenance anglaise. Ceux de Marennes, ou *claires*, sont plus nombreux. Leur grandeur varie. Ils sont bordés d'une levée en terre appelée *chantie*, formant une digue sur laquelle les *amareilleurs* circulent pour se livrer aux manœuvres de l'exploitation. Une écluse, articulée à une tranchée pratiquée à la paroi de cette digue, permet de régler l'entrée et la sortie de l'eau, selon les besoins de l'industrie. C'est vers le mois de septembre qu'on y place les huîtres. Mais il paraît que dans l'état actuel des choses les bancs naturels du voisinage ne suffisant plus, un tiers environ des élèves qu'on introduit dans ces réservoirs vient des côtes de Bretagne, de la Normandie et de la Vendée. Au dire de M. Coste, qui nous fournit ces détails, ces huîtres étrangères n'acquièrent jamais l'excellent goût de celles qui sont prises dans la localité. Les éleveurs de Marennes qui tiennent à conserver la bonne renommée de leurs produits n'admettent donc que de jeunes huîtres dans leurs réservoirs, afin que l'action des agents qui les bonifient, s'exerçant sur elles à mesure qu'elles se développent, puisse devenir constitutionnelle. En conséquence, ils choisissent les plus jeunes que les règlements leur aient permis de détacher des bancs, c'est-à-dire celles de douze à dix-huit mois, et qui ont alors de 5 à 7 centimètres de largeur. Les amareilleurs en opèrent le triage, donnant la préférence aux mieux conformées, séparant celles qui adhèrent ensemble, les débarrassant de tous les corps étrangers. Quand cette toilette est terminée, on les répand avec des pelles sur le fond des claires, en ayant soin de les espacer ensuite à la main, de manière à ce que, même en grandissant, elles n'empiètent pas les unes sur les autres, et que, par leur contact mutuel, elles ne soient point un obstacle au libre mouvement de leurs valves, au développement et à la conservation de leurs formes régulières. L'éleveur, en un mot, imite ici ce que fait l'agriculteur lorsqu'il repique ses plants. La jeune colonie, installée dans ce nouveau séjour, y prospère sous une nappe d'eau que l'on maintient à une hauteur permanente de 18 à 30 centimètres, qui, nous l'avons dit, ne s'épure ou ne se renouvelle qu'aux grandes malines.

Il faut deux ans de séjour dans les claires pour qu'une huître âgée de douze à quinze mois atteigne une grandeur convenable; il en faut trois et même quatre pour lui donner le degré de perfection qui caractérise les meilleurs produits de Marennes. « Mais la plupart de celles qui sortent de cette manufacture sont, malheureusement pour l'industrie et pour la consommation, loin d'avoir ces qualités exquises, dit M. Coste. Placées adultes dans les réservoirs, elles verdissent en quelques jours, et la spéculation, abusant d'une propriété qui augmente la valeur mercantile de ces produits, les porte sur le marché, sans avoir pris la peine de leur donner les soins qu'exige une éducation prolongée. Elle évite ainsi tous les frais de manipulation et peut, sur un même plateau, faire chaque année plusieurs récoltes. C'est ce qui enrichit les éleveurs. »

Sur les bords de la Manche, la fraude est autre. Elle consiste à mélanger aux huîtres parquées des huîtres qui arrivent de la mer et n'ont subi aucun élevage.

D'où vient la viridité des huîtres de Marennes? C'est ce que l'on demande souvent aux savants, qui ne sauraient répondre d'une façon absolue. Les uns prétendent que c'est le sol lui-même qui le contient ; d'autres, que c'est un animalcule (*vibrio ostrearius*) ou certaines algues qui le donnent ; d'autres enfin l'attribuent à une sorte d'ictère, à une maladie du foie, dont la sécrétion surabondante teindrait en vert le parenchyme de l'appareil respiratoire des animaux De ces trois opinions, celle qui attribue à la nature du sol le pouvoir de verdir semblerait la plus conforme au véritable état des choses. C'est, du moins, ce que tendent à établir, d'une part, l'analyse comparative des terres prises dans les claires qui verdissent et dans celles qui n'ont pas cette propriété, et, de l'autre, les expériences de la commission de pisciculture de La Rochelle (1853).

Les claires de Marennes fournissent annuellement à la consommation cinquante millions d'huîtres, dont le prix varie de 1 fr. 50 à 6 fr. le cent, ce qui, en prenant une moyenne de 3 francs, représente le chiffre énorme de deux millions de francs. On les expédie dans toutes les villes du midi de la France, depuis Bordeaux jusqu'à Marseille, et depuis Marseille jusque dans les États-Romains et en Algérie. Paris en consomme une très-petite quantité : on y préfère, en général, comme dans la plupart des villes situées plus au nord, les huîtres blanches de la Normandie.

Pour donner une idée de la prospérité que cette industrie répand dans la contrée, et présenter un tableau vivant des mœurs de la population qui l'exerce, nous ne saurions mieux faire que d'emprunter au livre de M. Coste le travail qu'un négociant de Marennes, M. Robert, a bien voulu lui communiquer.

« L'étranger qui va de la Tremblade à Royan, dit-il, est frappé de surprise à la vue des nombreuses constructions qui s'élèvent de toutes parts sur les bords de la route, comme à l'abord des grandes villes. Des maisons neuves, de bon goût, meublées presque avec luxe, s'élèvent au milieu de riches vignobles ; et ce mouvement d'édification est tel, qu'on prévoit qu'avant longtemps la Tremblade et Etante ne seront plus que les extrémités d'une rue de plusieurs kilomètres de longueur. Au reste, ces maisons fort jolies servent fort peu à leurs propriétaires, qui, mal à l'aise dans leurs beaux appartements, se relèguent, en général, dans la partie la moins habitable, se condamnant ainsi à être moins confortablement logés que lorsqu'ils avaient des habitations en harmonie avec leur état.

« Il semblerait, au premier abord, que la culture des huîtres ne nécessite que peu de soins ; il en est tout autrement. Les hommes qui s'y livrent travaillent beaucoup à de certaines époques. Cependant cela ne les empêche pas d'exercer d'autres industries, d'être sauniers, cultivateurs ; et leur travail est rude, car il se fait dans l'eau et dans la vase, parce qu'il faut édifier et nettoyer les claires. Il en est de même lorsqu'il s'agit d'y déposer les huîtres et de les pêcher.

« Les femmes ne prennent pas part à ces labeurs, si ce n'est pour isoler les huîtres les unes des autres avant de les mettre dans les parcs. Leur rôle principal est la vente du coquillage. On voit, vers la fin d'août ou dans les premiers jours de septembre, suivant que la chaleur cesse plus ou moins tôt, un grand nombre de femmes et de jeunes filles partir dans toutes les directions pour aller habiter, jusqu'en avril, les villes qui leur sont désignées. Plusieurs femmes vendent pour leur mari, pêcheur; d'autres achètent aux éleveurs des huîtres qu'elles revendent pour leur compte; enfin il en est beaucoup qui sont à gage et reçoivent une certaine somme pour leur campagne. Lorsqu'elles sont rendues à leur poste, on leur expédie les huîtres dans des paniers d'osier soigneusement fermés. Chacune a sa place de vente. Les unes passent leur journée en plein air, à la porte des restaurants et des hôtels; les autres, plus favorisées, ont un coin de boutique ou de corridor pour les abriter. Elles y restent depuis le matin jusque fort avant dans la soirée, et l'on s'étonne de les voir conserver leur santé, exposées comme elles le sont au froid et aux intempéries de l'hiver. Ce genre de vie donne aux jeunes filles beaucoup d'assurance; le séour de la ville leur donne aussi le goût de la toilette et un certain talent pour la faire valoir. Aussi la Tremblade, un dimanche, offre-t-elle un coup d'œil agréable.

« Les travailleuses de la semaine, vêtues du grand costume des jours de fêtes, n'y sont plus reconnaissables, et ces écaillères à la taille flexible, à l'air coquet et à la démarche aisée, animent agréablement le tableau. »

Si prospère que soit l'industrie huîtrière à Marennes, à Ostende et même à Whistable (Angleterre), on ne saurait comparer son importance à celle qu'elle a acquise aux États-Unis. Sur aucun point du globe, il est vrai, les huîtres ne se trouvent en aussi grande abondance que sur les côtes de l'Amérique du Nord. « Depuis les provinces britanniques jusque dans le golfe du Mexique, dit M. de Broca (1), elles forment partout des bancs inépuisables, qui, sans une pêche continuelle, finiraient dans certaines localités par créer des écueils, modifier les courants, obstruer les passes et paralyser la navigation. »

Ce qui contribue au développement pris par leur exploitation, ce sont surtout les méthodes adoptées par les Américains pour cultiver ou pour améliorer les huîtres provenant des pêcheries. Les parcs dans

(1) *Étude sur l'industrie huîtrière des États-Unis.*

le sens exact de ce mot, tel que nous l'entendons en France, y sont à peu près inconnus. L'ostréiculture américaine consiste à semer les mollusques sur les terrains maritimes reconnus propres par leur nature à les faire croître et à les engraisser promptement ; c'est à peu de chose près ce que l'on fait à Whistable, à Saint-Waast et à Cancale. Ces dépôts artificiels ou *plantations* sont donc nécessairement effectués dans des conditions qui varient suivant les localités.

Les points les plus fameux sont ceux de New-York, Fair-Haven, Boston et Baltimore. A eux seuls ces quatre ports font plus de la moitié du commerce total des huîtres de l'Amérique du Nord. New-York est de tous les centres de consommation le plus actif. En 1859, cette ville n'absorbait pas moins de dix-neuf mille boisseaux d'huîtres par jour, ou sept millions de mollusques par an. Les deux grands marchés de la vente en gros se tiennent l'un à Catherine-Market, sur la rivière de l'Est, et l'autre à Foot of Spring-Street, sur l'Hudson-River. Ces marchés, construits sur des radeaux, sont de véritables maisons flottantes, ornées avec plus ou moins de luxe et ayant quelquefois un étage. Amarrées les unes à côté des autres, en communication avec les quais, au moyen d'un pont à bascule qui suit les mouvements de la marée, ces oyster-boats (bateaux à huîtres) sont divisés en trois compartiments : un grenier, une grande chambre et une cave immergée, dans laquelle on met les mollusques. On estime à quinze cents le nombre des embarcations de toute espèce employées par les marchands et les planteurs qui approvisionnent New-York. Pour la vente au détail, la ville a plusieurs marchés, dont les principaux sont ceux de Fulton-Market et de Washington-Market, également ouverts à la vente de tous les comestibles. Plusieurs marchands d'huîtres y tiennent des espèces de restaurants, « très-curieux à visiter à l'heure de midi, où beaucoup de commerçants et d'ouvriers du quartier viennent y prendre leur repas, dit M. de Broca. Ce sont des établissements dans toute la force du terme, où les huîtres, accommodées de diverses façons, composent le fond de la nourriture. Devant le comptoir est toujours placé un fourneau contenant un feu très-ardent, sur lequel est placé un gril de fer servant à cuire les aliments, et notamment les huîtres rôties, qui sont un des mets de prédilection des Américains. » Les établissements de ce genre, qui sont nombreux à Fulton-Market, font, paraît-il, de grosses affaires. M. de Broca assure que quelques-uns d'entre eux écoulent jusqu'à dix mille coquillages par jour dans la saison d'hiver.

Washington-Market, moins confortable, n'a point de ces établissements. Les huîtres qu'on y vend sont généralement débitées sans écailles. « A cet effet, les marchands entretiennent un certain nombre d'ouvriers. Chacun d'eux a devant lui une sorte de petite enclume de quelques pouces de longueur, sur laquelle il casse le bord des huîtres avec un morceau de fer plat dont un côté sert de marteau tandis que l'autre est aiguisé en forme de lame. Il fait ensuite pivoter dans sa main cette espèce de couteau, introduit la lame entre les valves, enlève la chair et la jette dans un plat à moitié plein d'eau qui se trouve sur l'établi. Le travail marche ainsi très-rapidement et les ouvriers peuvent gagner de huit à dix dollars par semaine, suivant leur dextérité. »

Indépendamment de ces établissements, il existe à New-York, et généralement dans les grands centres de population, de nombreux *oyster-houses* (maisons d'huîtres), où on les débite sous toutes les formes. « Véritables restaurants, avec cette différence qu'ils sont plus spécialement destinés à la vente de mollusques de toute espèce, dit M. de Broca, on en compte à New-York plus de trois cents, parmi lesquels il y en a de richement décorés, situés dans les beaux quartiers de la ville. Ils sont fréquentés par la bourgeoisie, principalement par la partie commerçante, qui va souvent y prendre le repas du milieu du jour... Il est, je crois, difficile de manger quelque chose de plus délicat que certains plats d'huîtres que l'on prépare dans quelques-uns de ces restaurants, chez Delmonico par exemple. On trouve en outre dans les villes une foule de boutiques et même de comptoirs en plein vent installés dans les rues, où la classe ouvrière peut se procurer ce qui est nécessaire à ses besoins. La soupe aux huîtres est une des préparations que les Américains affectionnent le plus, et il leur est assez habituel, pendant la saison d'hiver, d'aller en manger dans les *oyster-houses* en sortant du théâtre. Elle est tellement populaire qu'elle s'est introduite jusque dans les grands bals, où elle apparaît inévitablement vers le matin, pour réparer les forces des danseurs. »

II

L'OSTRÉICULTURE.

La Méditerranée, les côtes de la mer du Nord, de la Manche et de l'Atlantique septentrional, paraissent avoir possédé des huîtres de toute éternité; mais il s'en faut qu'à aucune époque on ait surmené les bancs autant qu'on le fait depuis un certain nombre d'années. Aussi depuis un siècle environ la France, l'Angleterre, la Belgique, ont-elles dû faire des lois pour mettre obstacle à ce que les espèces disparussent des points où jadis elles étaient si abondantes. Depuis que les chemins de fer transportent les huîtres sur tous les points du continent, cette pénurie a augmenté. Ainsi, pour ne parler que des bancs exploités par les pêcheurs de Cancale et de Granville, on n'en tire guère aujourd'hui que quatre ou cinq millions de coquillages. Il y a quinze ans, c'est quarante ou quarante-cinq millions de mollusques que ces bancs fournissaient. Il en est de même pour les autres gisements de notre littoral. Partout les pêcheurs les épuisent, sans même prendre la peine de les nettoyer.

Cette imprévoyance est le plus grand empêchement à la production des huîtres, car celles-ci ont de nombreux ennemis. Dans les eaux peu profondes des atterrissements se produisent avec fréquence. La vase, le sable, les varechs, les coquillages envahissent alors les bancs, qu'on ne peut plus sauver qu'en les dégageant à l'aide de la drague. Certains animaux font aussi aux huîtres une guerre acharnée. Telles sont d'abord les anomies, connues vulgairement sous le nom de *hanons*. Ces mollusques, qui se rattachent d'une manière générale à la famille des huîtres, mais ne sont point, comme elles, comestibles, forment des bancs qui viennent disputer à celles-ci la possession du sol sous-marin. D'autres ennemis : les astéries, les crabes, les poulpes, etc., s'attaquent à leur individu même. Selon quelques auteurs, l'astérie ou *étoile de mer* attend que l'écaille de l'huître ait été percée par le buccin, le ver méduse, ou tout autre ver perforant, pour en faire sa proie. En Angleterre, les édits de l'amirauté portaient autrefois qu'une peine sévère serait appliquée à tout individu qui « n'aurait pas foulé aux pieds ou rejeté sur le rivage un poisson appelé *cinq-doigts* (five-finger), ressemblant à une molette d'éperon, pour cette cause que ledit poisson pénètre dans l'huître quand elle est ouverte et la détruit. »

Devant l'appauvrissement des bancs, et au moment même où la consommation les sollicitait plus que jamais, il était vraisemblable que les bons esprits songeraient à arrêter le mal, chaque jour grandissant. En effet, et M. Coste, qui a voué sa vie et son savoir au repeuplement de nos cours d'eau, fut l'un des premiers à attirer sur ce point l'attention du gouvernement (1858). Après avoir signalé le mal, il ajoutait : « A ce déplorable état de choses il y a un remède d'une application facile, d'un succès certain. Ce remède consiste à entreprendre, aux frais de l'État, l'ensemencement du littoral de la France, de manière à repeupler les bancs ruinés, à raviver ceux qui s'éteignent, à étendre ceux qui prospèrent, à en créer de nouveaux partout où la nature des fonds permet d'en établir. »

Cette proposition parut alors aussi neuve que hardie. Elle n'était que sensée, car l'*ostréiculture*, dont elle renfermait le programme, n'est ni une science nouvelle, ni une science impraticable : M. Coste et avec lui tous les érudits l'ont démontré. Elle remonte aux Romains. Ceux-ci, dont nous avons dit le goût pour les huîtres, ne trouvant bientôt plus leurs bancs en harmonie avec leurs besoins, songèrent à produire artificiellement ce que la nature commençait à leur refuser. De là l'ostréiculture, pratiquée pour la première fois, dit-on, par Sergius Orata (1).

Les parcs de cet homme célèbre existaient dans le lac Lucrin, voisin du lac Averne, dont on voit encore les restes au fond du golfe de Baïa, entre le rivage et les ruines de la ville de Cumes, dans l'intérieur des terres. Le Lucrin et l'Averne communiquaient alors par un étroit canal, qui déversait dans l'Averne l'eau de mer que recevait le Lucrin. C'étaient deux bassins tranquilles où, comme disaient les poëtes, la mer semblait venir se reposer. Une couronne de collines hérissées de bois sauvages, projetant leur ombre sur les eaux, en avait fait une retraite inaccessible, que la superstition consacra aux dieux des Enfers, et où Virgile conduisit Énée. Mais, vers le VIIe siècle, quand Agrippa les eut dépouillées de cette végétation gigantesque et que fut creusée la route souterraine (grotte de la Sibylle) qui joignit le lac Averne à la ville de Cumes, le mythe dévoilé disparut devant les travaux de la civilisation. Une forêt de splendides villas,

(1) D'après M. Coste, auquel nous empruntons ces détails, il faudrait faire remonter la pratique de cette industrie plus haut, au siècle d'Auguste, et, d'après Pline, antérieurement à la guerre des Marses.

bâties et ornées avec les dépouilles du monde, prit la place de ces sombres bocages ; Rome entière se donna rendez-vous dans ce lieu de délices, où l'attiraient un ciel si doux et une mer d'azur. Les sources chaudes, sulfureuses, alumineuses, salines, nitreuses, qui coulaient du sommet de ces montagnes devinrent le prétexte de ces émigrations de patriciens que l'ennui chassait de leurs demeures.

L'industrie épuisa ses ressources pour accumuler autour d'eux toutes les jouissances que recherchait leur mollesse, et, parmi ceux qui se vouèrent à cette entreprise, fut Sergius Orata, homme riche, élégant, d'un commerce agréable, et qui jouissait d'un grand crédit. Il fit venir des huîtres de Brindes, et persuada à tout le monde que celles qu'il élevait dans le Lucrin y contractaient une saveur qui les rendait plus estimables que celles de l'Averne, ou même que celles des contrées les plus célèbres.

Son opinion prévalut avec une telle rapidité, que, pour suffire à la consommation, il finit par occuper presque tout le pourtour du lac Lucrin de constructions destinées à loger les huîtres, s'emparant ainsi du domaine public avec si peu de ménagement, qu'on fut obligé de lui intenter un procès pour le déposséder. Au moment où lui survint cette mésaventure, et pour exprimer le degré de perfection où il avait amené son industrie, on disait de lui, par allusion aux bains suspendus, dont il fut aussi l'inventeur, que, si on l'empêchait d'élever des huîtres dans le lac Lucrin, il saurait bien en faire pousser sur les toits. Sergius, en effet, ne s'était pas borné à organiser des parcs d'huîtres : il avait créé une nouvelle industrie dont les pratiques sont encore appliquées.

Entre le Lucrin, les ruines de Cumes et le cap Misène, se trouve un autre étang salé, d'une lieue de circonférence environ, d'un à deux mètres de profondeur, au fond boueux, volcanique, noirâtre, l'Achéron de Virgile enfin, qui porte aujourd'ui le nom de Fusaro. C'est là qu'on a transporté les huîtrières de Sergius, car le Lucrin, transformé par une révolution géologique, « n'est plus qu'un mauvais étang bourbeux, dit le président de Brosses, qui le visita en 1739; ces huîtres précieuses du grand-père de Catilina, qui adoucissaient à nos yeux l'horreur des forfaits de son petit-fils, sont métamorphosées en malheureuses anguilles qui sentent la vase... Une grande vilaine montagne de cendres, de charbon et de pierres ponces, qui, en 1538, s'avisa de sortir de terre en une nuit comme un champignon, est venue coudoyer ce pauvre lac et l'a réduit dans ce triste état. »

Dans tout le pourtour du lac Fusaro on voit, de distance en distance, des espaces, le plus ordinairement circulaires, occupés par des pierres qu'on y a transportées. Ces pierres simulent des espèces de rochers que l'on a recouverts d'huîtres de Tarente, de manière à transformer chacun d'eux en un banc artificiel autour duquel on a planté des pieux, assez rapprochés les uns des autres, pour circonvenir l'espace où sont les huîtres. Ces pieux s'élèvent un peu au-dessus de la surface de l'eau, afin qu'on puisse facilement les saisir avec les mains et les enlever quand cela devient utile. Il y en a d'autres aussi qui, distribués par longues files, sont reliés par une corde à laquelle on suspend des fagots de menu bois, destinés à multiplier les pièces mobiles qui attendent la récolte.

Grâce à ces dispositions, rien n'est donc plus facile que d'étudier pour ainsi dire heure par heure les mystères de la vie des huîtres. C'est ainsi qu'on a pu remarquer qu'à la saison du frai, qui a lieu ordinairement de juin à la fin de septembre, elles effectuaient leur ponte; mais elles n'abandonnent pas leurs œufs: elles les gardent en incubation dans les plis de leur manteau, entre les lames branchiales. Ils y restent plongés dans une matière muqueuse, nécessaire à leur évolution, matière au sein de laquelle s'achève leur développement embryonnaire. Le moment de l'éclosion venu, la mère rejette les jeunes huîtres, qui apparaissent munies d'un appareil transitoire de natation qui leur permet de se répandre au loin et d'aller à la recherche d'un corps solide. Cet appareil, découvert par M. le docteur Davaine, est formé par une sorte de bourrelet cilié, pourvu de muscles puissants, à l'aide desquels l'animal peut, à volonté, le faire sortir hors des valves ou l'y faire entrer. Quand la jeune huître est parvenue à se fixer, ce bourrelet, qui lui est désormais inutile, s'atrophie sur place et disparaît peu à peu.

On sait aujourd'hui que le nombre des jeunes qui sont ainsi expulsés, à chaque portée, du manteau d'une seule mère, est d'environ deux millions; « en sorte que, dit M. Coste, aux époques où tous les individus adultes qui composent un banc laissent échapper leur progéniture, cette poussière vivante s'en exhale comme un épais nuage qui s'éloigne du foyer dont il émane et que les mouvements de l'eau dispersent, ne laissant sur la souche qu'une imperceptible partie de ce qu'elle a produit. Tout le reste s'égare, et si ces animalcules, qui errent alors çà et là par myriades au gré des flots, ne rencontrent pas des corps solides où ils puisssent se fixer, leur perte est certaine; car ceux qui ne sont pas devenus la proie des animaux inférieurs qui se nourrissent d'infusoires finissent par tomber dans un milieu impropre à leur développement, et souvent par être engloutis dans la vase. » C'est pour arrêter au passage cette poussière propagatrice et lui présenter des surfaces où elle puisse s'attacher, comme un essaim d'abeilles aux arbustes qu'il rencontre au sortir de la ruche, que les ostréiculteurs du lac Fusaro ont entouré leurs bancs artificiels des pieux et des fagots dont nous parlions tout à l'heure.

Les embryons d'huîtres s'y fixent, et y grandissent assez rapidement pour qu'au bout de deux ou trois ans chacun de ces corpuscules vivants devienne comestible.

La reproduction des huîtres étant possible, restait à la tenter sur nos côtes, où, on le comprendra, les difficultés sont plus grandes que dans un lac aussi tranquille que celui de Fusaro. Ce fut la baie de Saint-Brieuç qui fut choisie. L'immersion du coquillage reproducteur fut commencée en mars 1858 ; à la fin du mois suivant, trois millions de sujets, pris surtout à Tréguier et à Cancale, avaient été distribués sur dix gisements, représentant ensemble une superficie de mille hectares. Ce ne fut pas tout, car il ne suffisait point, pour le succès d'une pareille œuvre, d'avoir placé le coquillage dans les conditions les plus favorables à sa multiplication ; il fallait encore organiser autour de lui et au-dessus de lui les moyens propres à recueillir sa progéniture, et à la contraindre à se fixer. Pour obtenir ce résultat, on sema sur le fond des écailles d'huîtres, puis de loin en loin on coula de longues lignes de menues fascines, disposées en travers comme des barrages échelonnés d'une extrémité à l'autre de chaque gisement (1).

(1) Ce système a été perfectionné. Aux coquilles d'huîtres on a substitué de grosses pierres, et aux fascines, des plan-

Ces mesures obtinrent tout le succès qu'on en espérait. « Déjà, écrivait M. Coste dans un *rapport* fait six mois après l'opération que nous venons de décrire, déjà les promesses de la science se traduisent en une saisissante réalité. Les trésors que la persévérante application de ces méthodes accumule sur ces champs en pleine germination dépassent les rêves de ses plus ambitieuses espérances. Les huîtres mères, les écailles dont on a pavé les fonds, tout ce que la drague ramène enfin est chargé de naissain ; les grèves elles-mêmes en sont inondées. Jamais Cancale et Granville, au temps de leur plus grande prospérité, n'ont offert le spectacle d'une pareille production. Les fascines portent dans leurs branchages et sur leurs moindres brindilles des bouquets d'huîtres en si grande profusion, qu'elles ressemblent à ces arbres de nos vergers qui, au printemps, cachent leurs rameaux sous l'exubérance de leurs fleurs : on dirait de véritables pétrifications. Pour croire à une telle merveille, il faut en avoir été le témoin. »

Ce succès, pressenti par la plupart de ceux qui s'occupent des pêches maritimes, frappa le gouvernement, que les théories de M. Coste avaient d'ailleurs

chers, des toits couverts de tuiles disposées de diverses façons. Appliquant à l'ostréiculture les procédés en usage dans la pisciculture, on a même imaginé des ruchers collecteurs, et l'on est satisfait des avantages qu'on en tire.

séduit dès le premier jour. Après lui avoir donné la baie de Saint-Brieuc pour ses expériences et mis sous sa direction un personnel de marins intelligents, aussi curieux que lui de réussir, on lui confia le bassin d'Arcachon. De nouveaux crédits lui furent accordés, et, en 1860, cent douze concessionnaires, associés, ainsi que l'avait désiré M. Coste, à des marins inscrits, livrèrent à l'ostréiculture quatre cents hectares des terrains de cet admirable bassin. Arcachon renferme en ce moment trente-cinq millions d'huîtres de toute grandeur, qui, au prix de 40 francs le mille, représentent un capital de 1,400,000 francs. Le rendement annuel est de 6 millions d'huîtres, valant 240 mille francs.

Les fonds émergents de l'île de Ré furent également abandonnés par l'État à trois mille concessionnaires qui, alléchés par les résultats obtenus précédemment par un simple paysan, Hyacinthe Bœuf, firent de véritables prodiges.

Ici comme à Saint-Brieuc, comme à Arcachon, la réussite est venue encourager leurs efforts. A peine les terrains émergents avaient-ils subi la préparation qui les rend aptes à porter des fruits, que la semence amenée du large par les courants s'y répandait et y contractait adhérence avec une incroyable profusion. Trois ans après leur installation, ces parcs donnaient l'énorme bénéfice de mille pour cent. A Noirmoutiers, Oléron, sur les plages de Rochefort, des Sables-d'Olonne et de La Rochelle, d'autres parcs ont été construits qui ont donné des encouragements analogues.

Ces établissements, qui ne sont pas encore assez nombreux pour alimenter d'huîtres le marché français, quoiqu'on en compte cent seize en ce moment, ont sauvé l'industrie huîtrière; car, au moment où ils se créaient, les pêcheurs portaient les derniers coups aux bancs du large, en les exploitant outre mesure. La façon dont ils les ont surmenés a même eu une certaine influence sur plusieurs parcs artificiels. « Aujourd'hui, dit le *Rapport sur l'Exposition de pêche d'Arcachon*, ces établissements, bien entretenus d'ailleurs, ne contiennent plus d'huîtres; leurs détenteurs s'en consolent en attribuant leurs mécomptes à une succession de mauvaises années. Mais d'autres s'en prennent à l'ostréiculture elle-même, qu'ils accusent de tout le mal. La vérité c'est que le naissain ne vient plus à la côte, parce que les bancs du large sont ruinés et qu'on ne peut plus prendre, sur les foyers producteurs, les huîtres-mères destinées à propager l'espèce. »

En présence de ces faits, on ne saurait douter que l'administration ne prenne prochainement des mesures propres à sauver une industrie qui n'est pas seulement appelée à acquérir dans notre pays une excessive importance, mais qui constituera dans un avenir prochain une des branches les plus essentielles de l'alimentation publique.

III

LES MOULES ET LA MYTICULTURE.

Si l'huître est le bivalve de l'aristocratie (*nobilissimus cibus*), la moule revendique l'honneur d'être celui de la pauvreté (*vilissimus cibus*). Un roi, Louis XVIII, l'avait néanmoins en grande estime. Chaque semaine on lui en faisait venir de La Rochelle, où elles sont l'objet d'une culture spéciale dont nous parlerons tout à l'heure. Il avait même inventé pour leur donner plus de goût une sauce au poivre de Cayenne que les érudits de la gastronomie doivent connaître assurément. La moule est cependant restée roturière, probablement à cause de son abondance et de son bon marché: ce n'est pas un coquillage *comme il faut*. Quelquefois aussi c'est un coquillage malsain. La moule occasionne alors des nausées, des coliques, un saisissement à la gorge, une éruption cutanée, toutes choses éminemment désagréables. Au moyen âge, on attribuait les causes de ces accidents aux phases de la lune ou aux sorciers. Il reste un préjugé populaire qui ne permet de manger les moules, comme les huîtres, que pendant les mois de l'année dont le nom contient la lettre R. C'est Frédol qui nous l'apprend. « Le fait est, dit A. Mangin, qu'elles se gâtent plus aisément et supportent moins le transport pendant l'été. » Quoi qu'il en soit, on ne pourrait dire avec certitude à quelle cause cette sorte d'empoisonnement doit être attribué. « On accuse tour à tour, dit Frédol, la présence des pyrites cuivreuses dans les parages habités par la moule, le séjour de ce bivalve contre la coque de navires tapissée de vert de gris, une maladie qui lui serait particulière, la fermentation ou la décomposition de son tissu, certains petits crabes logés entre ses valves. » Suivant A. Mangin, l'hypothèse la plus probable est que les moules sont rendues vénéneuses par le *qual* ou frai des astéries (étoiles de mer). « Ce frai, très-caustique, dit-il, est répandu dans la mer pendant le mois de mai, juin, juillet et août, et ce fait concorde, comme on le voit, avec l'opinion commune, qui veut qu'on s'abstienne de manger des moules pendant cette période de l'année (1). »

Ce défaut des moules est loin de mettre un obstacle à leur consommation, et on pense assez généralement, comme le docteur G. Johnston, que l'homme qui en mange « a en sa faveur un million de chances, contre une d'être malade. » Et c'est fort heureux, car

(1) *Dictionnaire du commerce et de la navigation.*

elle tient une place des plus importantes dans l'alimentation des classes pauvres, étant fort commune. Ainsi on la trouve partout, dans les eaux salées et dans les eaux saumâtres, et particulièrement à l'embouchure des rivières, dans les baies où se produisent des atterrissements. Elle se fixe au moyen du byssus, ou barbe, dont elle projette les fils sur tous les objets voisins, pierre, bois, ou sur les coquillages d'une espèce semblable à la sienne. Quoique douée du pouvoir de la locomotion, elle se contente, le plus souvent, d'ouvrir ses valves pour recueillir la substance nutritive que le flot lui apporte.

Dans l'ordre de la nature, les moules, livrées aux attaques d'ennemis plus nombreux que ceux qui vivent aux dépens de l'huître, paraissent destinées à servir de proie aux espèces qui, près des rivages, peuplent l'air, la terre et les eaux. Si la mer les laisse à sec, les oiseaux, les crabes, les rats, leur font une guerre acharnée. Couvertes par les eaux, les poissons, les étoiles de mer, les poulpes, attendent qu'elles ouvrent leurs coquilles pour en faire leur pâture. A ces ennemis la moule résiste par sa puissance de reproduction et les moyens conservateurs dont elle est éminemment douée. Qu'on lui donne le moindre repos, et sa multiplication atteint des proportions vraiment extraordinaires.

La plupart des consommateurs se figurent que les belles moules servies journellement sur leurs tables proviennent, comme les huîtres, des bancs naturels où elles vivent à l'état sauvage. Ils ignorent par quel artifice l'industrie humaine donne à ce mollusque, élevé par ses soins, la taille et le bon goût qui le rendent si préférable à la moule maigre, petite, âcre, souvent malsaine, dont les rochers et les vases de nos côtes sont peuplés ; celle-là est un pur effet de l'art, ou plutôt du travail uni à la science, en un mot de la *myticulture.*

C'est dans l'anse de l'Aiguillon, à quelques kilomètres de La Rochelle, sur l'immense et stérile vasière qui forme le fond de cette baie, qu'a pris naissance, il y a bientôt huit siècles, cette industrie, dont le produit fait vivre dans l'aisance les trois mille habitants des communes d'Esnandes, de Marsilly et de Charron. Vers la fin de l'année 1235, une barque, chargée de moutons et montée par trois hommes d'équipage, vint, chassée des côtes d'Irlande par un violent coup de vent, se briser contre les rochers de la pointe de l'Escale, à une demi-lieue du port d'Esnandes. Équipage et marchandises, tout aurait été inévitablement enseveli dans les flots, si les pêcheurs du littoral ne se fussent empressés de porter secours à l'embarcation en détresse. Mais, malgré tous leurs efforts, ils ne réussirent à sauver que l'un des trois hommes dont se composait l'équipage : cet homme en était le patron, il se nommait Walton.

Exilé désormais sur cette plage, où il ne lui restait pour toute fortune que quelques moutons échappés au naufrage, et dont la race, croisée plus tard avec celle du pays, a formé cette belle variété connue dans la Vendée sous le nom de *mouton de marais*, Walton appliqua son génie à se créer par le travail des moyens d'existence, et à se rendre utile dans sa nouvelle patrie. Il résolut donc de parcourir en tout sens le vaste lac de boue qu'il avait sous les yeux et de voir s'il n'offrirait pas quelque ressource à son industrie. Mais, pour atteindre ce but, il était obligé de marcher, à mer basse, sur cette boue fluide, qui se dérobait partout sous ses pas et mettait obstacle à la réalisation de son dessein.

En présence de cette première et bien sérieuse difficulté, l'idée lui vint de construire une pirogue de la plus ingénieuse simplicité, à l'aide de laquelle, sans autre impulsion que celle du pied, il glissa sur la vasière avec la rapidité d'un cheval au trot, visitant ainsi les diverses localités et pouvant, grâce au concours de cet instrument nouveau, se livrer désormais à toutes les entreprises qu'il lui paraîtrait utile de tenter. Les oiseaux de mer et de rivage qui rasent la surface de l'eau pendant l'obscurité lui parurent s'y rencontrer en assez grand nombre pour devenir l'objet d'un commerce lucratif, si on réussissait à leur tendre des piéges convenablement organisés. Il appliqua à cet usage une espèce particulière de filet importée par lui et désignée sous le nom de *filet d'allouret* (1).

Walton n'eut pas longtemps à exercer cette industrie sans s'apercevoir que la progéniture des moules de la côte venait s'attacher à la portion submergée des piquets qui soutenaient son allouret et sans se convaincre que ces moules, ainsi suspendues à une certaine hauteur au-dessus de la vase, y prenaient une plus grande taille, un meilleur goût que celles qui vivaient à l'état sauvage ou qui étaient ensevelies sous le limon. Cette découverte fut pour lui une véritable révélation. Il multiplia les points d'attache en plantant de nouveaux piquets, et, comme les premiers, ceux-ci se chargèrent de jeunes moules, qui augmentèrent sa récolte en proportion du nombre de supports qu'il offrit à ces colonies naissantes. Après le succès d'une telle expérience, il ne pouvait plus y avoir de doute : la progéniture des moules sauvages était susceptible d'être recueillie et élevée sur ces reposoirs artificiels, de manière à donner à leur culture les proportions d'une grande exploitation. C'est à cette œuvre importante qu'il consacra désormais tous ses efforts.

Les pratiques qu'il institua furent si heureusement

(1) *Allawrat* ou *allourat*, dont on a fait *allouret*, est un nom, composé de celte et de vieil irlandais, qui signifie *filet de nuit obscure* : d'*allow*, obscurité, nuit sombre, et de *rat* ou *ret*, filet. (Coste.)

appropriées aux besoins permanents de la nouvelle industrie, qu'après bientôt huit siècles elles servent encore de règle aux populations dont elles sont devenues le riche patrimoine. Ce fut, si l'on s'en rapporte à un document publié vers la fin du XVIe siècle, ce fut en 1246, dix années après son naufrage, que Walton aurait procédé à la construction du premier établissement sur le modèle duquel sont édifiés aujourd'hui les quatre cent quatre-vingt-dix *bouchots* qui couvrent la moitié de l'anse de l'Aiguillon. Les piquets isolés dont il s'était jusque-là servi ayant été à diverses reprises arrachés par la tempête, couchés par le choc des barques ou des blocs de glace, il pensa avoir recours à des appareils plus solidement établis et qui en même temps lui offrissent de vastes surfaces pour recevoir le naissain et peu de prise à l'action de la lame. En conséquence, il dessina au niveau des basses marées, suivant une ligne supposée allant du château d'Esnandes au château de Charron, là où maintenant il existe de vastes prairies, un W (la première lettre de son nom) dont le sommet, légèrement entre-bâillé, était tourné vers la mer, et dont les côtés, prolongés d'environ deux cents mètres vers le rivage, s'écartaient de manière à ouvrir un angle d'à peu près quarante-cinq degrés. Le long de chacun des côtés de cet angle, il planta, à la distance de deux ou trois pieds les uns des autres, de forts pieux de dix à douze pieds de hauteur, qu'il enfonça à moitié dans la vase, dont il clayonna les intervalles avec des fascines ou branchages, afin d'en former de solides palissades. Au sommet de l'angle représenté par ces longues ailes, il laissa entre les panneaux un écartement de trois ou quatre pieds pour y adapter des engins destinés à recevoir les poissons qui, à mer descendante, suivraient la voie bordée par cette double haie; se ménageant par cette heureuse combinaison une double ressource: car son établissement était à la fois une moulière artificielle et une pêcherie. Aussi voit-on encore de nos jours les *boucholeurs*, fidèles à toutes les pratiques dont Walton leur a laissé l'exemple, partir dans leurs *acons* avant que la mer découvre, s'arrêter derrière le sommet entr'ouvert de chaque appareil, munis d'un filet dit *avenau*, s'y livrer à la pêche jusqu'à ce que leur nacelle reste à sec et qu'ils puissent ensuite la charger de coquillages et la ramener au port en glissant sur la vase.

« C'est un bien curieux spectacle que celui d'assister au retour de cette flotte singulière, dit M. Coste, de voir les cent soixante pirogues qui la composent débouchant çà et là par toutes les issues de la forêt de palissades où elles disparaissent pendant le travail, rasant le sol comme une volée d'oiseaux que le flot chasse devant lui. On ne peut s'en faire une idée, à moins d'avoir été le témoin des manœuvres grotesques de cette étrange escadre. Ces acons, ou *pousse-*

pieds, sont de simples caisses en bois, longues de neuf pieds, larges et profondes de dix-huit pouces, dont l'extrémité antérieure est recourbée en forme de proue. Le boucholeur se place à l'arrière, appuie son genou droit sur le fond, se penche en avant, saisit les deux bords avec ses mains, laisse en dehors, afin de pouvoir s'en servir en guise de rame, sa jambe gauche, chaussée d'une longue botte ; puis, quand il a pris pour ainsi dire son équilibre, il plonge sa jambe libre dans la vase qui lui sert de point d'appui, la retire, la replonge encore, et, par cette manœuvre répétée, il pousse sa machine légère et la conduit partout où sa présence est nécessaire. C'est de la sorte que les boucholeurs se rendent à leurs bouchots, qu'une longue habitude, même pendant les nuits les plus obscures, leur permet de distinguer de ceux de leurs voisins, malgré tous les détours de l'immense labyrinthe que forment, sur la vasière, les six mille palissades qui la recouvrent. »

Il y a une époque de l'année où la manœuvre des pirogues deviendrait très-difficile, si un petit crustacé, le *corophium longicornis*, pour donner la chasse aux vers marins, dont il se nourrit, ne venait en les fouillant, aplanir les sillons profonds, les inégalités temporaires, que les vases amoncelées et durcies par les rayons du soleil opposent à la marche des boucholeurs.

« Ce que des milliers d'hommes, dit d'Orbigny,

ne parviendraient pas à exécuter dans tout le cours de l'été, une réunion de chétifs animaux, à peine longs de quatre lignes et larges d'une ligne et demie, l'achèvent en quelques semaines ; ils démolissent et aplanissent plusieurs lieues carrées couvertes de ces sillons ; ils délayent la vase, qui est remportée hors des bouchots et même de la baie par la mer, à chaque marée ; et peu de temps après leur arrivée, le sol de la vasière se trouve avoir une surface aussi plane qu'à la fin de l'automne précédent.

« Les *corophies* commencent à paraître vers la fin d'avril ; c'est aussi à cette époque que les sillons dont j'ai parlé sont habités par d'innombrables annélides de toutes les espèces. Tous ces vers marins que l'on voyait dans le mois de mars, dès que la marée commençait à les couvrir, se présenter avec sécurité à l'orifice de leur retraite pour saisir les animalcules qui passaient à leur portée, se cachent et s'enfoncent dans la vase ; dès que leurs ennemis sont arrivés, on ne les voit plus ; les corophies, qui en sont très-friands, leur font une guerre d'extermination : ils les poursuivent sans relâche jusque dans leurs retraites les plus profondes. Il n'est rien de plus intéressant pour l'observateur que de voir, à mer montante, tous ces petits crustacés s'agiter en tous sens, battre la vase de leurs longues antennes, la délayer pour découvrir leur proie ; ont-ils rencontré une néréide, une amphitrite, une arénicole, le plus souvent cent fois plus grosse que chacun d'eux, ils se réunissent et semblent agir de concert pour l'attaquer, la mettre à mort et la dévorer ; ils ne cessent leur carnage qu'après avoir fouillé partout et lorsqu'ils ne trouvent plus de quoi assouvir leur voracité.

« Ces animaux, qui paraissent se multiplier pendant la belle saison, quittent ordinairement nos vases vers la fin d'octobre : ils partent tous à la fois, dans une seule nuit, et gagnent la haute mer ; on n'en rencontre plus un seul là où ils étaient si nombreux quelques jours avant. »

D'après M. Coste, un bouchot bien peuplé fournit ordinairement, suivant la longueur de ses ailes, de quatre à cinq cents charges de moules, c'est-à-dire une charge de cent cinquante kilogrammes par mètre, qui se vend cinq francs. Un seul bouchot porte donc une récolte d'un poids de soixante-quinze mille kilogrammes, qui, sur le marché, fournit un revenu brut d'un million à douze cent mille francs. « Ce chiffre et l'abondante récolte dont il est le produit, dit l'illustre pisciculteur, peuvent donner une idée des ressources alimentaires et des bénéfices considérables qu'il y aurait à tirer d'une pareille industrie, si, au lieu de la restreindre à une portion de la baie de l'Aiguillon, on l'étendait à toute la vasière, et si de cette contrée où elle a pris naissance on l'importait surtous les rivages et dans tous les lacs salés où elle serait susceptible d'être pratiquée avec succès. En attendant, le bien-être qu'elle répand dans les trois communes dont elle est devenue le patrimoine restera comme un exemple à imiter : car, grâce à la précieuse invention de Walton, la richesse y a succédé à la misère, et depuis que cette industrie y a pris un certain développement on n'y rencontre plus d'homme valide qui soit pauvre. Ceux que leurs infirmités condamnent au repos y sont secourus par la généreuse bienfaisance des autres et de la manière la plus délicate. »

« Deux fois par semaine, dit M. d'Orbigny père, les ménagères de chaque famille boulangent et portent leur pain à cuire au four des boulangers ; les indigents ou leurs délégués, souvent des gens aisés, qui se chargent de cette honorable mission lorsque ces malheureux ne peuvent s'y transporter, s'y présentent avec une bourriche. Chaque ménagère, avant de faire enfourner, remet un morceau de pâte à chacun ; le boulanger se charge de faire de tous ces morceaux un pain qu'il cuit gratis. Rien n'est plus intéressant, pour l'homme sensible et observateur, que d'assister, au moment de l'arrivée des boucholeurs et pêcheurs, au débarquement de la pêche: un cours de morale ne vaudrait pas cette leçon d'humanité fraternelle.

« Que ce soit de jour ou de nuit, ces mêmes indigents, rangés sur une file et munis de paniers près du débarcadère, reçoivent de chacun d'eux, à mesure qu'il débarque, les prémices de sa pêche, une poignée de moules, une autre de menu poisson ; ce don est accompagné d'égards, de questions qui démontrent l'intérêt que chacun porte aux infortunés qu'il connaît, qui peut-être lui sont parents ; il craindrait de s'attirer des malheurs en les refusant, en les brusquant ; souvent même il se charge de faire porter la collecte par le cheval ou la charrette que sa femme a eu le soin d'amener au port pour enlever la pêche. La provision de pain suffit à leur subsistance; la surabondance de poisson et de moules est vendue, et le produit sert à se procurer le bois, la chandelle, enfin ce qui est nécessaire.

« Cette population, toute catholique, offre l'aspect de ces grands établissements des frères Moraves de l'Amérique du Nord et de l'Allemagne. Partout le travail, les bonnes mœurs, la gaieté, le bonheur ; on n'y voit que d'heureux ménages, rarement des disputes et des gens ivres ; l'hospitalité y est considérée comme un devoir religieux ; la probité fait le fond de l'éducation ; enfin le voyageur étonné croit rêver un meilleur monde. »

L'industrie créée par Walton fera-t-elle école ? Nous n'en doutons pas. De l'Atlantique elle a déjà passé dans la Méditerranée. Un essai de myticulture a été fait dans le canal de Lamotte, qui met la mer en communication avec l'étang de Berre, et la tentative a parfaitement réussi.

IV

LA PRAÎRE.

Avec l'huître et la moule un grand nombre de coquillages comestibles peuplent nos rivages et fournissent de précieuses ressources alimentaires aux populations du littoral. Pendant que les bateaux sont à la mer, les femmes et les enfants viennent explorer les plages. Les *haliotides,* les *coquilles de Saint-Jacques*, les *pétoncles*, les *bucardes*, les *donaces*, les *Vénus*, les *spondyles*, les *solens,* les *oursins*, etc., etc., sont les produits ordinaires de cette pêche, dite *à pied.* Elle se pratique à l'aide d'instruments destinés à fouiller le sable ou les trous des rochers, et a lieu surtout aux époques de grandes marées, alors qu'un vaste champ d'exploitation est ouvert aux mareyeurs.

Dans les régions septentrionales, et principalement sur la partie de nos côtes où les courants ont le plus de violence, ces coquillages sont très-abondants, particulièrement sur celles de la Bretagne, de la presqu'île du Cotentin et dans la baie du Mont-Saint-Michel, où cette fécondité atteint son maximum.

Parmi les variétés qui habitent les sables, quelques-unes pourraient vraisemblablement être parquées à l'abri des agitations trop violentes de la mer; mais jusqu'à présent aucune mesure spéciale d'aménagement des fonds ne leur a été appliquée, quoique des faits récents démontrent que les conditions de repos si favorables à la reproduction des huîtres auraient des conséquences analogues si on les étendait à quelques-unes de ces espèces comestibles.

Partout, malheureusement, l'industrie coquillière, livrée aux exploitations isolées, manque de la communauté d'action et de la direction qui lui serait nécessaire.

Tous les coquillages recueillis ainsi ne sont pas d'une délicatesse exquise; on peut en nommer pourtant quelques-uns qui sont excellents. Un membre de la Société d'acclimation, M. Bretagne, citait récemment parmi les meilleurs la clovisse (*Vénus croisée*), si chère aux Marseillais. « Elle est, je crois, disait-il, très-salubre et bien iodée, mais elle n'a pas la mollesse désirable, et son petit arome *sui generis* déplairait à d'autres bouches qu'à des bouches phocéennes. »

A propos de ce coquillage, M. Bretagne rappelle l'origine peu connue de la célèbre réserve de Marseille, dont l'existence serait due aux clovisses. Voici l'histoire : « Une année, les clovisses disparurent du port et la désolation fut générale dans la population.

Les échevins prirent une généreuse initiative et en envoyèrent chercher au loin des quantités considérables et de la meilleure qualité. On les jeta par paniers (couffes) dans le lieu qui depuis ce temps fut appelé la Réserve, car ce fut un endroit réservé. On défendit pendant un certain temps d'y pêcher, et l'on ne put le faire après que dans de certaines conditions; le commandant du port fut chargé de faire exécuter les règlements et reçut pour cela de la ville une gratification annuelle qui, m'a-t-on dit, est encore payée aujourd'hui à ses successeurs. Depuis ce temps les clovisses n'ont jamais manqué à Marseille. » M. Bretagne examine ensuite les patelles (*patella*). « Elles sont coriaces et d'une physionomie repoussante, dit-il; cependant nous étant avisés de les faire jeter dans l'eau bouillante, ensuite saler avec des aromates, puis enfin retirer du sel et confire dans l'huile d'olive, nous avons été agréablement surpris de trouver un hors-d'œuvre assez friand et qui avait perdu une partie de sa dureté. » Mais ce que M. Bretagne considère comme « une véritable perle alimentaire », c'est la coquille nommée *Venus verrucosa*, que l'on appelle *praïre double* sur les bords de la Méditerranée, *coque* sur les bords de l'Océan, et *clam* en Amérique. Un peu moins grande qu'une huître ordinaire, la praïre donne néanmoins le volume d'une bonne huître moyenne; elle n'a pas l'aspect de l'huître, elle est au contraire « blanche, grasse, et d'un goût, à la voir, non pareil. » M. Bretagne insiste d'autant plus sur l'aspect que présente la praïre double, qu'il en existe une autre dont on voit quelquefois des spécimens à la halle, à Paris, mais dont le goût n'est pas de nature à recommander sa congénère. « Les dames et les jeunes personnes goûtent volontiers notre praïre, dit-il; car, il faut le répéter, sa chair n'a rien de répugnant, la pulpe en est ferme et dodue; elle est d'un beau blanc laiteux, avec un très-petit reflet bleuâtre dû à la présence de l'iode ; plus savoureuse que celle de l'huître, son tissu onctueux obéit doucement à la mastication et répand dans la bouche un arome net et franc, un peu salé, comme tout ce qui vient de la mer, et dans tous les cas fort agréable. Malheureusement, ajoute-t-il, la praïre, la praïre double, la vraie praïre, depuis longtemps n'a pas été en grande abondance sur nos rivages; aujourd'hui on commence à l'oublier, même dans les lieux où elle était si recherchée autrefois; pour l'avoir en quantité suffisante, il faut que des pêcheurs spéciaux aillent la chercher jusqu'à Menton. »

V

LES CLAMS.

Les Américains font de la praïre, qu'ils nomment clam, plus de cas que nous. « Il est, dit M. de Broca, après l'huître, le bivalve le plus utile du littoral des États-Unis, au double point de vue de l'alimentation et de l'industrie de la pêche, à laquelle il fournit un des appâts les plus estimés que l'on connaisse. En 1840, le docteur Gauld évaluait à quarante mille boisseaux la quantité de clams nécessaires annuellement pour la confection des appâts salés; et, en outre, une quantité au moins égale était employée sans préparation pour la pêche côtière. » Les praïres des Américains sont de deux espèces : les round-clams (*Venus mercenaria*), et les soft-clams (*mya arenaria*). Dans quelques localités, les populations ont conservé au premier le nom de *quahog*, par lequel le désignaient les anciens aborigènes de l'Amérique septentrionale, qui fabriquaient avec la partie violette de sa coquille des espèces de colliers nommés *wampums*, leur servant de monnaie courante. Les sujets parvenus à toute leur croissance ont communément 3 pouces et demi de longueur, 2 pouces et demi de largeur et 2 pouces d'épaisseur.

« En été, dit M. de Broca, la consommation de ces mollusques dans les villes de New-York et de Philadelphie est très-considérable, et dépasse de beaucoup celle des *mya arenaria*. Vendus comme ces dernières, soit dans leur état naturel, soit enlevés de la coquille, ils servent à confectionner une foule de plats, dont le plus estimé est le *clam-chowder*. Beaucoup de gens mangent crus les sujets de petite taille, et pour ma part, lorsqu'on les arrose de quelques gouttes de jus de citron, je les trouve aussi délicats que les clovisses et les praïres doubles. »

La pêche des round-clams se fait à l'aide d'une bêche, lorsque la marée laisse les bancs à découvert. Les retraites de clams sont d'ailleurs reconnaissables à une foule de petits trous par lesquels ils lancent un jet d'eau aussitôt qu'on foule le sol autour d'eux. Cette habitude si caractéristique leur a fait donner par le peuple un nom fort peu poétique, mais d'une saisissante exactitude. Il paraît que dans quelques parties du Sound de Long-Island, les porcs américains ont pour ces coquillages le goût que nos porcs du Périgord professent pour les truffes. « Ils ont l'habitude, dit M. de Broca, d'aller à mer basse sur les bancs pour manger des clams, dont ils sont très-friands. Ils les déterrent avec beaucoup de sagacité et savent parfaitement à quel moment ils doivent retourner à terre our ne pas être surpris par la marée montante.

« La consommation de ces mollusques est considérable en toute saison, principalement en été, sur le littoral des États du Nord, depuis New-York jusqu'à la frontière du Maine, mais nulle part elle ne l'est autant qu'à Boston. »

La cuisine américaine tire un grand parti de ces mollusques pour une foule de préparations, parmi lesquelles la plus populaire est, sans contredit, une espèce de soupe. Dans le Rhode-Island et le Massachussetts, ils servent, chaque année, de prétexte à des fêtes très-curieuses (nommées clams-bakes), fêtes d'origine indienne et où les clams étaient assaisonnés d'une façon digne des convives, c'est à dire très-sauvage. Quoique le moderne clam-bake soit, dit-on, un perfectionnement de l'ancien, il nous paraît constituer néanmoins un plat assez fantastique. Voici comment on procède à sa préparation.

On dispose sur le sol, avec de grosses pierres, une couche circulaire de 10 pieds de diamètre, sur laquelle on fait un feu ardent. Par-dessus on place une couche d'algues supportant une couche de clams de 3 pouces d'épaisseur, recouverte elle-même par une nouvelle couche d'algues; vient ensuite une couche de maïs vert dans son enveloppe, mélangé de pommes de terre et autres légumes, puis une couche de poulets cuits et assaisonnés, puis une autre couche d'algues, puis encore une couche de poissons et de homards recouverte par de nouvelles algues. On répète ces couches suivant le nombre des personnes qui prennent part à la fête, et lorsque la pile est terminée, on la recouvre entièrement avec une toile, afin d'empêcher la vapeur de s'échapper. Quand le tout est cuit à point, chacun se sert sans façon.

Il paraît que ce festin est accompagné, par tradition, d'un grand luxe. Autrefois, les guerriers indiens les plus renommés venaient de fort loin pour assister aux fêtes dont il était l'occasion. Le clam-bake donne encore lieu au rendez-vous des hautes classes de la société américaine.

Indépendamment de l'intérêt qu'offre la *mya arenaria* au point de vue de l'alimentation, elle est, avons-nous dit, d'une grande ressource pour les pêcheurs. M. de Broca en avait rapporté, mais elles moururent dans la traversée. Depuis son retour, il a appris que ce bivalve se trouvait en abondance dans les parages de Dunkerque, notamment dans le bassin des Chasses. Ce fait est très-important pour nos pêcheurs, qui, à de certaines époques de l'année, se procurent difficilement de l'appât; ceux du Havre sont de ce nombre. « Dans la saison de la pêche des *gros yeux*, dit M. de Broca, qui est directeur des mouvements de ce port et par conséquent bien placé pour parler de ce qui s'y passe, ces pêcheurs payent parfois les petites sèches cinq centimes la pièce, et ne peuvent pas toujours en avoir une quantité suffisante. La mye des sables comblerait cette lacune. »

VI

OURSINS, HALIOTIDES, BUCARDES, SOLENS, HOLOTHURIES.

Chaque fois qu'il s'est agi des moyens propres à faire entrer d'une façon plus large dans notre alimentation ces coquillages et ces zoophytes, on s'est demandé s'ils seront jamais du goût de tous les consommateurs. Pourquoi non? Ceux des côtes sont tout aussi gourmets que ceux de l'intérieur, et les premiers en font un usage qui serait plus considérable s'ils n'avaient pas en abondance les mille produits de la mer. Les Romains en mangeaient et les trouvaient si bons, que dans l'une des satires que nous avons citées à propos des huîtres, Horace a cru nécessaire d'indiquer les lieux où se trouvaient les meilleurs mollusques. « Au murex de Baïes il faut préférer la palourde du Lucrin, dit-il. Les huîtres se trouvent à Cira, les oursins à Mécène, et les larges pétoncles font l'orgueil de la voluptueuse Tarente; etc. » A propos de l'oursin, nous citerons après un poëte un autre poëte, après Horace, Victor Hugo, qui, dans *les Travailleurs de la mer*, a si bien parlé et avec une érudition si extraordinaire des choses maritimes.

« Ce hérisson-coquillage, dit-il, qui marche, boule vivante, en roulant sur ses pointes, et dont la cuirasse se compose de plus de dix mille pièces artistement ajustées et soudées, l'oursin, dont la bouche s'appelle, on ne sait pourquoi, *lanterne d'Aristote*, creuse le granit avec ses cinq dents, qui mordent la pierre, et se loge dans le trou. C'est en ces alvéoles que les chercheurs de fruits de mer le trouvent. Ils le coupent en quatre et le mangent cru, comme l'huître. Quelques-uns trempent leur pain dans cette chair molle. De là son nom, *œuf de mer*. » Et cela ne se fait pas seulement dans les îles normandes, mais sur toutes nos côtes, jusque sur la Méditerranée.

Demandez aux Bretons ce qu'ils pensent de l'*haliotide*, nommée vulgairement *cofish*, *ormier* ou *oreille de mer*. « Dans la baie d'Arcachon, dit M. de la Blanchère, les femmes des marins font la pêche des bucardes (sourdons, *cardium edule*) et en vendent pour plus de 12,000 francs par an. Que serait-ce donc si la culture en était étendue et perfectionnée ? » La même observation peut être faite pour la donace et les spondyles. Sur toutes nos côtes on en consomme des quantités considérables. Et les *solens !* Tout le monde a vu les longues coquilles en gouttière de ce coquillage, si connu sous le nom de *manche de couteau*. Non-seulement on le mange, mais il constitue encore un appât excellent pour la pêche du merlan et du maquereau.

Pour terminer notre revue, citons encore les ascidies, tuniciers ou acéphalés sans coquilles, plus connus sous le nom d'outres de mer sur nos plages méridionales, et enfin l'holothurie. On rencontre dans la Méditerranée plusieurs variétés de cette dernière, l'holoturie tubuleuse, l'holoturie pentacte, l'holoturie orangée entre autres ; mais à l'exception d'une espèce dont les pauvres de Naples font leur nourriture, nous ne saurions dire si toutes sont comestibles. Elles le seraient que nous doutons fort, nous en convenons, de la réussite sur nos tables de ces chenilles de la mer. Les Chinois ont moins de préjugés que nous. Ils recherchent les holothuries, qu'ils nomment *trépangs*, et en font un régal. Il est vrai qu'ils ne les trouvent pas seulement savoureuses, ils attachent au répugnant animal des vertus excitantes qu'il justifie peut-être. Quoi qu'il en soit, l'holothurie est chez eux, de même qu'en Cochinchine et au Cambodge, l'objet d'un commerce considérable. Pour les pêcher, des milliers de jonques sont armées chaque année, et des navires anglais ou américains se livrent eux-mêmes à la vente de cette denrée, qui est divisée en deux catégories, la blanche (*meng-ta*) qui vaut 8 francs le kilogramme, et la noire (*yak-sam*), dont le prix ne dépasse guère 30 ou 40 centimes.

« Souvent nous avons mangé de ce zoophyte préparé de plusieurs manières, dit Lesson, et toujours nous ne lui avons trouvé aucun goût particulier, il est vrai, masqué qu'il était par l'énorme dose d'épices ou d'aromates dont est surchargée la cuisine des peuples intra-européens. »

Cette pêche exige, paraît-il, beaucoup de patience et de dextérité. Les Malais, penchés sur le devant de leur embarcation, ont dans leurs mains plusieurs longs bambous disposés pour s'adapter les uns à la suite des autres, et dont le dernier est garni d'un crochet acéré. Pendant l'époque favorable, les yeux de ces pêcheurs exercés percent la profondeur des eaux, alors unies comme une glace, et aperçoivent avec facilité, jusqu'à une distance qui souvent n'est pas moins de 100 pieds, on l'assure du moins, l'holothurie accrochée aux coraux ou aux rochers ; alors le harpon, descendant doucement, va frapper sa victime, et rarement le Malais manque son coup.

Quelquefois les trépangs se retirent loin des côtes, ou bien la rareté des calmes rend la côte très-peu productive; aussi n'y a-t-il rien d'invraisemblable à ce que les Malais, ainsi qu'on l'assure, se soient rendus autrefois pour les pêcher jusque sur les côtes de l'Australie, et cela longtemps avant que les Européens eussent abordé sur ces parages.

Disons en terminant qu'il serait à souhaiter qu'on tournât l'attention d'une façon sérieuse sur la production des coquillages, aujourd'hui un peu dédaignés : elle comblerait un vide dans notre alimentation, ce qui est une considération à faire valoir. Nous en ajouterons une autre qui nous paraît capitale :

c'est l'influence tonique que les productions marines peuvent avoir sur les individus. Surmenés comme nous le sommes par l'existence que nous fait une extrême civilisation, nous nous affaiblissons vite, dépensant généralement plus que la nature ne nous a donné. Il en résulte une quantité de maladies produites par l'appauvrissement des éléments vitaux, et particulièrement du sang. Pour combattre cet état, qui ne permet plus à la population de Paris, par exemple, de dépasser la troisième génération et menace les races occidentales d'une rapide dégénérescence, les médecins sont unanimes pour recommander les remèdes iodés; or, est-il besoin de le répéter, tout ce qui vient de la mer est plus ou moins chargé d'iode : les coquillages en sont saturés. Ne serait-ce donc pas bien mériter de l'humanité que de multiplier et de rendre d'un usage habituel ces aliments, souvent appétissants, savoureux, et toujours bienfaisants ?

VII

LES ÉPONGES

Qu'est-ce que l'éponge?

Écoutons un maître en matière d'industrie sous-marine et en histoire naturelle, M. Lamiral.

« A la première inspection, dit-il, on distingue dans l'éponge vivante qu'on retire de la mer deux substances bien différentes : la première, externe, est une sorte de mucosité gélatineuse recouvrant et enveloppant la seconde substance, qui est un tissu fibreux et feutré, présentant un corps de formes variables et irrégulières, percé et souvent perforé d'une multitude de pores et de trous à orifices de différentes grandeurs et frangés d'oscules. C'est cette seconde substance que nous connaissons tous, et qui conserve ses qualités de compressibilité, d'élasticité, et acquiert, dans l'éponge préparée, celle de capillarité. »

La famille des éponges est anciennement connue dans l'histoire naturelle. On n'a pas été d'abord parfaitement d'accord sur leur nature, car les uns en ont fait des végétaux, les autres les ont décrites comme étant des animaux primitifs, placés dans un règne particulier auquel on a donné le nom d'Hétéromorphe, d'Amorphozoaire, etc. Maintenant on les range à la fin du règne animal, comme un groupe qui s'enchaîne avec le règne végétal par les zoophytes, division des polypes et polypiers.

On sait que dans les mois d'avril et de mai, des essaims de larves surgissent à l'extérieur de la masse spongiaire, et qu'entraînés par les courants sous-marins, ils vont subir leur métamorphose sur les corps solides environnants. Il a dû être bien difficile jusqu'à présent de pouvoir étudier la physionomie, l'organisation vitale de ces êtres végétant au fond des mers. Les éponges se nourrissent des molécules qui flottent dans leur milieu ambiant et qui sont arrêtées par cette gélatine contractile qui semble sentir obscurément. Toujours adhérentes à des corps sous-marins de quelque nature qu'ils soient, les éponges se trouvent dans les fonds de 5 à 25 brasses (la brasse de 5 pieds métriques); à cette profondeur la mer est tranquille; elles se rencontrent principalement dans les excavations et les anfractuosités.

Les éponges les plus communes en qualité sont dans les eaux chaudes, comme celles du golfe du Mexique, de la mer Rouge, où certaines espèces atteignent de grandes dimensions, jusqu'à un mètre et plus de hauteur. Dans les régions tempérées de l'Europe, surtout dans la Méditerranée, les éponges sont plus belles en qualité ; à mesure qu'elles approchent du Nord, le tissu en est plus serré; elles sont aussi plus petites, et enfin elles disparaissent de la création dans les contrées glaciales.

La monographie de ces polypes, publiée dans le tome XX des *Annales du Muséum*, en indique cent quarante et une espèces, formant six divisions : A, B, C, D, E, F. Les éponges du commerce sont spécifiées dans les deux divisions A, D. La division A comprend les éponges communes (*spongia officinalis*) à formes arrondies ou planes, ou convexes en dessous, à tissus mous, plus ou moins tenaces, grossièrement poreux et à grands orifices. On en compte vingt-deux espèces.

La division D comprend les éponges fines (*spongia usitatissima*), à formes concaves ou évasées, ayant des oscules déliés comme des poils et des pores très-fins dans l'intérieur. On en compte trente-quatre espèces. Les marins, qui ne sont pas toujours des naturalistes, les désignent, d'après leur forme, en éponges *plumes, éventails*, *cloches*, *corbeilles*, *calices*, *lyres*, *trompettes*, *quenouilles*, *cornes d'élan*, *pieds de lion*, *pattes d'oie*, *queues de paon*, *gants de Neptune*, etc. On ignore quelles sont au juste la durée de la vie des éponges et la vitesse de leur accroissement; cependant, dès la troisième année, on peut revenir pêcher dans les lieux où elles avaient été précédemment presque épuisées.

Au moment de la pêche, avant de livrer les éponges aux acheteurs, on les trépigne, on les presse, on les lave un grand nombre de fois dans de l'eau de mer et dans de l'eau douce fréquemment renouvelée jusqu'à l'entière disparition du mucus gélatineux; on les passe ensuite à l'eau chaude dans le but de les priver, s'il est possible, d'une odeur chloreuse qui leur est particulière et qui est due à la matière animale renfermée dans le tissu fibreux. Dès qu'elles blanchissent, on les trempe dans une solution aqueuse d'acide sulfurique d'un degré environ, et on les y laisse macérer cinq ou six jours, en ayant le soin de les presser de temps en temps.

Voici les dénominations qui, dans le commerce français, classent les éponges à la vente : éponge fine douce, de Syrie ; fine douce, de l'Archipel ; fine dure, de Syrie, dite Chimousse ; blonde, de Syrie, dite Venise fine ; blonde, de l'Archipel, dite Venise commune ; géline, de Barbarie ; brune, de Barbarie, dite Marseille ; de Salonique ; enfin, les éponges des Bahamas.

Ces dernières sont divisées en fines et communes ; mais en général elles sont d'un mauvais usage ; leur tissu est lâche, sans élasticité, et conséquemment facile à déchirer. Elles sont vendues à bas prix.

La récapitulation approximative des importations et de la consommation pendant le cours des dix dernieres annees, de 1850 à 1860, s'élève à 2 millions de kilogrammes, chiffre rond.

Les prix se cotent ainsi : les éponges fines, en sortes, valent de 14 à 75 fr. le kilog. ; les éponges fines, au choix, de 100 à 110 fr. le kilog. ; les Venises, par assortiment, de 9 à 12 fr. le kilog. ; les Chimousses, par assortiment, de 5 à 7 fr. le kilog. La moyenne pour chaque année est d'une importance de 10,600,000 francs (1).

Maintenant disons un mot de la façon dont s'exé-

(1) Lamiral.

cute la pêche des éponges. Dans le Levant, depuis Beyrouth jusqu'à Alexandrette, cette pêche est principalement exploitée par les Syriens et les Grecs. Ces derniers commencent à pêcher en mai et finissent en août, afin de pouvoir rentrer chez eux avant la mauvaise saison; les Syriens continuent la pêche jusqu'à la fin de septembre. Les éponges sont plus abondantes sur les côtes rocailleuses de la Syrie, où se trouvent les qualités fines, que sur les côtes sablonneuses de la Caramanie, où les qualités sont plus inférieures. A l'époque de la pêche, les Grecs débarquent à Seyda (Sidon), à Beyrouth, à Tripoli, à Tortosa, à Lataquié et autres parties de la Syrie. Ils désarment leurs embarcations, nommées *sarcolèves*, qui généralement portent de quinze à vingt hommes; ils louent aux habitants du pays des barques de pêche, et sur chacune d'elles cinq hommes, quatre pêcheurs et un veilleur, vont explorer les côtes et plonger à la recherche des éponges.

Ces hommes partent à jeun, au lever du soleil, et n'arrivent guère qu'une heure ou deux après leur départ sur le lieu de pêche; ils s'arrangent toujours pour retourner entre deux et trois heures de l'après-midi au port choisi sur la côte. Là, le plongeur, ou maronite, ou grec, ou musulman, après avoir fait ses dévotions, se place sur l'avant ponté de la barque, qui est amarrée par une ancre mouillée au loin.

Nu, un filet ou poche suspendu au cou, le plongeur s'accroupit sur ses talons et tient entre ses mains une pierre plate, blanche, généralement de marbre attachée par un cordeau solide dont l'autre bout reste fixé au bateau.

Après avoir respiré longuement et fortement, de manière à gonfler ses poumons jusqu'à faire bomber le thorax, il s'élance en piquant une tête, les bras tendus, tenant en avant le marbre qui l'entraîne et s'aidant de ses pieds pour aller plus vite; parvenu sur le fond, il cherche sa proie. Le veilleur, qui tient à bras tendu le cordeau auquel est amarrée la pierre, que tient aussi le plongeur, suit tous les mouvements de l'homme, et quand celui-ci, fatigué, l'avertit par une secousse qu'il veut remonter, deux camarades halent sur le cordeau avec tant de rapidité que le plongeur, en arrivant à la surface, sort plus de la moitié du corps hors de la mer; à bout de forces, il s'accroche au bord du bateau, un camarade lui saisit le poignet pour le soutenir pendant qu'il rend par la bouche, par le nez, par les oreilles, de l'eau teintée de sang. Il est quelques moments à se remettre, et comme les quatre pêcheurs, qui doivent plonger chacun à leur tour, emploient un certain temps à se préparer, c'est d'une à deux fois par heure que le même plongeur peut s'exercer.

Dans un beau temps, à une distance moyenne de la surface et dans une bonne localité, les plongeurs peuvent, chacun, rapporter de cinq à huit éponges.

Associés tous les quatre ensemble, ils s'accordent dans le partage suivant convention faite à l'avance; le veilleur est payé à la journée, mais la barque a le cinquième de la pêche. Arrivés à terre, ils forment au bord du rivage des enceintes de galets où ils piétinent sur les éponges pour en faire sortir la matière animale; on les lave à plusieurs eaux, on les bat à la main, etc., jusqu'à ce que la charpente seule montre son tissu.

Tous les pêcheurs ne procèdent pas de la même façon à cette récolte. Les Grecs de la Morée, et particulièrement les Hydriotes, font la pêche avec un trident à lames tranchantes recourbées et garni d'une poche en filet. Lorsque la mer est calme, ils jettent sur sa surface des poignées de sable trempé dans l'huile, laquelle se dépose, s'étend et empêche les rides de l'eau en neutralisant l'action de l'air; alors les pêcheurs voient au fond de la mer les éponges, sur lesquelles ils dirigent leurs dragues. Cette manière de pêcher a l'inconvénient de déchirer les masses, aussi ces éponges se vendent-elles trente pour cent de moins que celles dites plongées.

Sur les bancs de Bahamas, dans le golfe du Mexique, les éponges croissent à de faibles profondeurs; les pêcheurs espagnols, américains, anglais, etc., ont donc peu de peine pour les recueillir. Après avoir

(1) Lamiral.

enfoncé dans l'eau une longue perche amarrée près du bateau, ils se laissent simplement glisser sur les éponges et les arrachent.

En résumé, comme le remarque fort bien M. Lamiral, qui nous fournit ces détails, « la pêche des éponges, sur tous les points de la Méditerranée, manque d'une direction intelligente, car elle est exploitée sans prévoyance préservatrice. La consommation commerciale va toujours en augmentant, et il est bien certain que la spéculation, qui éclaircit chaque année les champs sous-marins de ces zoophytes, causera une destruction telle que la reproduction ne sera plus en rapport avec la demande, ce qui sera très-préjudiciable à l'intérêt général. Il devient donc urgent de prévenir ce cas fâcheux et de s'y soustraire en naturalisant les diverses espèces d'éponges en France et en Algérie, et en favorisant par la culture la reproduction sur les côtes rocailleuses de la Méditerranée, depuis le cap de Cruz jusqu'à Nice, autour des îles de la Corse et d'Hyères, dans les eaux de l'Algérie, et même dans certains lacs ou étangs salés des départements voisins de la Méditerranée. Cette composition de l'eau de la Méditerranée est la même sur les côtes de France et celles d'Algérie, de Syrie; conséquemment le milieu dans lequel vivent les éponges ne sera pas changé. »

La difficulté à vaincre consiste dans l'opération de la transplantation des éponges, ainsi que l'a prouvé une tentative faite par M. Lamiral. En 1862, l'infatigable aquiculteur s'est rendu en Syrie et en a rapporté des spicules d'éponges qui ont été déposés dans le voisinage de Toulon. Malheureusement, placées sur des points constamment ravagés par les filets traînants des pêcheurs, ces petites éponges ont disparu. C'est un essai à refaire. Et il est d'autant vraisemblable qu'il réussira que le général Garibaldi a tenté l'aventure dans son île de Caprera et a vu ses efforts couronnés de succès. L'acclimatation de l'éponge dans nos eaux est donc chose possible, et voici, d'après M. Lamiral, comment on pourrait procéder pour arriver à cette conquête.

« Un bateau plongeur peut descendre à toutes les profondeurs physiquement permises à l'organisme humain, dit-il, et l'équipage, qui peut rester immergé longtemps, puisqu'il respire un air pur et vital, est mis en contact libre avec les objets environnants. Ces bateaux pourraient donc aller dans les eaux de Tripoli, de Beyrouth ou de Seyda, choisir, parmi les éponges vivantes, celles qui paraîtraient préférables pour ces essais; on ferait éclater et l'on enlèverait les parties de rochers qui les portent, et cette récolte vivante serait placée dans des caisses perméables à l'eau, qu'on pourrait faire flotter à telle profondeur qu'il serait nécessaire. Ces caisses seraient remorquées vers l'Algérie et déposées au fond de la mer, où les éponges seraient disposées par l'équipage du bateau sous-marin dans des circonstances aussi semblables que possible à celles de leurs contrées natales. Il nous semble qu'en tenant compte de la fécondité et de la vitalité énergique des zoophytes, on peut légitimement espérer qu'en peu d'années on aurait à récolter sur nos côtes africaines un nouveau produit, que l'emploi des bateaux sous-marins permettrait d'exploiter avec méthode et discernement. »

Rien de plus juste, et il est hors de doute que ces bateaux seront adoptés un jour. Mais il faudra pour cela que les industries sous-marines, encore en enfance, se développent ; résultat auquel travaillent tous les esprits de bonne volonté.

VIII

LES ALGUES.

Sur les collines, les plateaux et les immenses plaines de sable du sol sous-marin, la vie animale ne pullule pas seulement, il y végète une flore d'une abondance extraordinaire. Dans nos climats, les arbustes qui la constituent sont peu élevés, mais sous les mers tropicales, ils atteignent presque la taille de ceux qui forment les forêts terrestres.

« Cette végétation a les algues ou fucus pour base,

Ces plantes singulières jouissent dans leur première jeunesse d'une propriété qu'on avait crue pendant longtemps caractéristique de l'animalité : elles se meuvent. Les algues ont des fleurs, mais qu'on ne saurait comparer à celles des végétaux de nos jardins : ce sont simplement des mamelons, renfermant des petits corps de deux sortes, les *zoospores* et les *anthérozoïdes*. Les premiers représentent les *pistils*, les seconds, plus petits, les *étamines*. Les uns et les autres ont un peu la forme d'un œuf microscopique et sont invisibles à l'œil nu. Le moment de l'éclosion venu, ces corps sortent de la capsule qui les renferme. A l'aide de cils plus ou moins nombreux plantés à leur pointe, ils se meuvent rapidement. Les anthérozoïdes se rassemblent autour des zoospores, rampent en quelque sorte à leur surface, les font pivoter en tout sens ; le zoospore est alors devenu une véritable graine qui bientôt cesse de s'agiter et de nager, se fixe définitivement à un corps étranger, germe et devient une algue (1). »

On connaît une très-grande quantité d'algues, et on a même fait sur elles de très-gros ouvrages, mais on ne saurait dire que toutes aient été décrites. Sur nos côtes, où on les confond sous le nom général de varech ou de goëmon, on en tire un grand parti. On les emploie surtout à l'amendement des terres. Après

(1) Landrin, *Les Plages de France.*

chaque coup de vent elles viennent s'amonceler en bancs épais sur les plages, où les riverains n'ont que la peine de les ramasser. Bien plus, la mer elle-même opère des mélanges que la fermentation convertit plus tard en un engrais non moins puissant. Voici comment : au pied des dunes, le flot, par son action répétée, creuse des trous profonds que les algues remplissent, et sur lesquels une couche de sable ne tarde pas à s'établir. Dans ces fosses, dont la partie supérieure est nivelée par la vague, les foraminifères se développent en nombres incalculables. C'est cette agglomération que l'on nomme la *tangue*.

Dans notre pays, où le sel est frappé d'une taxe trop élevée pour qu'on puisse, comme en Angleterre, le semer sur le sol et le mêler à la nourriture des bestiaux, on ne saurait trop recommander l'usage des algues à nos agriculteurs. Malheureusement, si elles abondent sur les parties rocheuses de nos côtes, en Bretagne surtout, elles sont fort rares sur les rives sablonneuses. Ne pourrait-on pas alors, pour rendre la vie à nos champs qui s'épuisent, faire usage d'autres éléments appartenant également au sol sous-marin, tels que des débris de poisson, des astéries desséchées et réduites en poudre, et généralement de tous les parasites qui ravagent les bancs d'huîtres? Les coquilles d'huîtres elles-mêmes constituent un engrais excellent. Les agriculteurs américains en font un grand usage. Ils s'en servent aussi pour macadamiser leurs routes et faire dans leurs jardins des allées qui acquièrent par l'emploi de cette substance une blancheur éclatante, trop éclatante peut-être. Enfin, en les brûlant ils obtiennent une chaux d'autant meilleure pour l'agriculure qu'elle ne contient point de magnésie. « En 1857, dit M. de Broca, on estimait que les écailles d'huîtres provenant de maisons de Baltimore seulement donnaient lieu à un mouvement d'affaires de 600,000 francs.

Les algues ne servent pas seulement à fumer les terres. Ainsi la seule *zostère* marine est employée pour l'emballage des objets fragiles, pour la confection des matelas et coussins, des valets qu'on place sur la charge des pièces d'artillerie. On en fait aussi du papier. Dans le Nord, elle sert à couvrir les maisons des pêcheurs. Malgré l'âcreté de sa fumée, le *fucus nudosus* à moitié sec est employé comme combustible dans les îles et sur quelques parties de nos rivages pour le chauffage des habitants ou pour la cuisson des aliments.

Les algues, on l'ignore peut-être, sont aussi riches en azote que les végétaux terrestres ; elles contiennent en outre du sucre, de la gélatine, de l'albumine, et d'autres substances qui rendent quelques-unes d'entre elles agréables au goût et propres à l'alimentation. Dans leur état naturel, les jeunes pousses des laminaires forment un mets assez agréable. Avec les racines de la *Laminaria digitata* on fait des manches de couteau, en insérant la lame dans la tige fraîchement coupée; ce manche prend l'apparence de la corne, dont il acquiert le poli et la dureté en vieillissant. La *Laminaria saccharina* est considérée, en Chine, comme un mets très-recherché. Aux Shetlands, en Islande, et sur les côtes septentrionales de l'Écosse, le *Fucus vesiculosus*, ou varech à nœuds, sert à la nourriture des bestiaux pendant l'hiver. La *Porphyria laciniata* est préparée au sel et au vinaigre; on l'emploie comme condiment ou comme apéritif. En Chine, on mélange la *Porphyria vulgaria* avec du riz et on en fait un mets particulièrement estimé sous le nom de *Tsz-Tzaï.* Bien que l'*Alva latissima* soit inférieure comme goût à la *Porphyria laciniata*, on s'en sert aussi pour relever les mets trop fades. La *Rhodomenia palmata* exhale une odeur de violette très-prononcée, son goût acide la fait rechercher pour la préparation des sauces, auxquelles elle donne de la consistance et une belle couleur rouge. Les habitants des régions septentrionales la mâchaient autrefois en guise de tabac. Au Kamtchatka on en fait une liqueur fermentée. La *Laurencia primafitida*, l'*Aliara esculenta,* sont également utilisées dans les préparations culinaires. Cuite entre deux fers rouges, l'*Oudea edulis* rappelle le goût de l'huître rôtie. Nous pourrions citer encore quantité de plantes marines qui servent à l'alimentation, surtout en Chine et au Japon, si nous ne craignions de trop prolonger cette nomenclature. Nous ne saurions toutefois passer sous silence une algue très-connue des pharmaciens, la *coralline.* Il y en a de deux sortes : la *coralline blanche* ou *coralline officinale,* et la *coralline de Corse*, appelée aussi *mousse de Corse* et *mousse de mer,* toutes deux communes dans nos eaux et toutes deux très-employées autrefois par les médecins comme anthelminthiques et absorbants. Leur usage est aujourd'hui moins fréquent, quoiqu'elles figurent encore dans quelques pharmacies avec les bocaux bleus, rouges, verts, les reptiles dans l'esprit-de-vin et une quantité d'autres objets qui n'y ont que faire. Soumis à la distillation, les fucus fournissent au commerce de la soude, de l'iode, de l'iodure de potasse, du brome et du bromure de potasse, du chlorure de soude, du sulfate et du nitrate de potasse. La seule production du carbonate de soude extrait du varech s'élève en France à environ 25 millions de kilogrammes, sur lesquels le quart est fourni par l'usine du Conquet, et le reste par les fabriques de Granville, Cherbourg, Montsarac, Pont-Labbé, Ploudalmezeau, Portsale et Quiberon.

Nous demanderons au lecteur la permission d'emprunter à MM. Audouin et Milne-Edwards la description qu'ils ont faite de cette industrie dans les îles Chausey. « Les hommes qui recueillent le varech sur ces îles disent-ils, sont nombreux. Ils s'y construisent des espèces de huttes temporaires. Lors des grandes marées, les *bareilleurs*, c'est ainsi qu'on appelle ces ouvriers, vont à mer basse sur les rochers, qu'ils dépouillent de leur varech, en ayant soin de le couper et de ne jamais l'arracher, afin de rendre la reproduction plus facile; ils en distinguent trois espèces qu'ils nomment *vraigin*, *craquet*, et *vraiplat* (1), et n'emploient que les deux premières. La dernière espèce de varech ne se trouve qu'à des profondeurs plus considérables que les deux autres et ne paraît à découvert que dans les plus fortes marées. Sa récolte est donc plus difficile; mais c'est pour un autre motif que les bareilleurs la négligent.

Lorsque la mer monte, ils font avec d'énormes tas de ces plantes marines des espèces de radeaux pour les transporter dans le lieu convenable à leur dessiccation; or, le vraigin et le craquet présentent un grand nombre de vésicules pleines d'air qui les rendent spécifiquement plus légers que l'eau, tandis que le vraiplat, étant dépourvu de ces vésicules et trop lourd pour flotter, ne peut être charrié de la sorte et nécessiterait pour son transport l'emploi de bateaux, ce qui augmenterait beaucoup la dépense. Après avoir porté le varech sur une grève voisine, on l'étend sur le sable afin de le faire sécher; on a soin de

(1) L'espèce de varech désigné sous le nom de vraigin est le *Fucus nodosus*; le craquet est le *F. vesiculus*, et le vraiplat le *F. serratus*.

le retourner souvent, et au bout de quelques jours, selon que le soleil est plus ou moins ardent, on le rassemble en tas auprès du fourneau où l'on doit le faire brûler et l'on étend dessus le varech desséché. La flamme devient bientôt très-vive, et l'on a soin d'entretenir la combustion avec de nouvelles quantités de varech ; quelquefois on voit en même temps un grand nombre de ces feux sur les différentes îles Chausey ; l'effet qui en résulte vers la brune est très-pittoresque ; mais pendant le jour on n'est frappé que par l'épaisse fumée qui s'en dégage. Cette fumée a en outre l'inconvénient de répandre au loin une odeur assez désagréable pour qu'elle ait donné lieu à un procès il y a un siècle environ.

La nature des localités s'opposant à l'emploi de varech comme engrais dans le voisinage de Fécamp, les habitants riverains du pays de Caux obtinrent, en 1739, la permission de s'en servir pour l'extraction de la soude ; mais au bout de quelques années de cette exploitation, on prétendit que la fumée qui en résultait occasionnait des maladies épidémiques, nuisait à toutes les espèces de grains pendant leur floraison, et portait un égal dommage aux arbres fruitiers. L'affaire fut renvoyée au procureur général du parlement de Rouen : ce magistrat, dans son réquisitoire, considéra la fumée du varech comme une *vapeur pestilentielle*, et, par un arrêt du 10 mai 1769, fit défendre la fabrication de la soude dans toutes les parties de la Normandie, excepté dans l'amirauté de Cherbourg. Trop d'intérêts étaient froissés par cette décision pour que les choses en restassent là, et les représentations nombreuses adressées au Conseil déterminèrent le contrôleur général à consulter à ce sujet l'Académie royale des sciences. Ce corps savant pensait bien que la fumée du varech n'était pas de nature à occasionner les acccidents qu'on lui attribuait; néanmoins il crut devoir demander l'autorisation d'envoyer des naturalistes sur les côtes, afin d'éclairer davantage la question. Il chargea trois de ses membres, Guettard, Tillet et Fourgeroux, de visiter divers points du littoral, et de lui faire un rapport sur leurs observations. Guettard explora les bords de la Méditerranée, et les deux autres académiciens se rendirent sur les côtes de la Manche, où, après l'examen le plus approfondi de tous les inconvénients qu'on attribuait à la fabrication de la soude de varech, ils reconnurent que ces reproches étaient entièrement dénués de fondement.

La production du varech étant limitée à certaines côtes, un des officiers de notre marine, M. le capitaine de vaisseau Leps, demandait récemment pourquoi, en présence des bénéfices offerts par les industries du varech, on n'irait pas l'exporter sur les lieux où il abonde, par exemple sur cette fameuse *mer de Sargasse*, située au milieu de l'Atlantique, et où les algues se trouvent en quantité prodigieuse.

« A la vue de ces innombrables fucus répandus dans la mer de varech, disait-il (1), et dans laquelle en peu de temps on pourrait charger des bâtiments sans aucun travail pour ainsi dire que la peine de prendre et mettre à bord, je me suis demandé si ce ne serait pas une bonne spéculation commerciale que celle qui emploierait quelques navires à aller récolter cette plante. Ces voyages seraient de courte durée pour l'aller et le retour, et certes dans moins de quinze jours un chargement complet serait opéré. On pourrait aussi, je pense, avoir des presses pour faire des ballots de ces fucus afin d'en apporter une plus grande quantité, et, si l'on craignait les émanations, on pourrait même, comme le font les baleiniers pour l'huile des cétacés, avoir à bord les ustensiles nécessaires pour brûler sur place ces varechs; les navires se chargeraient alors non-seulement de la plante elle-même pour les besoins de la terre, mais encore de la soude ou de l'iode qu'on aurait retirés des fucus sur lesquels on aurait opéré. Que faut-il pour qu'une semblable spéculation soit productive? Que des savants analysent le *fucus natans* de la mer herbeuse et s'assurent s'il renferme dans de bonnes proportions les parties qui composent les goëmons des côtes de la Bretagne, de la Saintonge, du Poitou, et alors, comme cela se pratique dans ces diverses parties de la France, on pour-

(1) *Bulletin de la Société de géographie.*

rait avec un avantage égal, sinon supérieur, utiliser pour engrais ou comme source d'une quantité convenable d'iode et de soude cette production de la mer herbeuse. » Nous signalons cette excellente idée à qui de droit.

Un dernier mot sur les algues.

En Angleterre, où l'on apprécie mieux que sur le continent les bienfaits des bains de mer, les jeunes gens emploient les longs loisirs que leur laisse leur séjour au bord de l'Océan à en étudier la faune et la flore. Ils n'en collectionnent pas seulement les coquillages, mais les plantes, et font avec les échantillons qu'ils recueillent des algues, *the common seaweeds,* de jolis albums-herbiers, tels qu'en font nos montagnards des Pyrénées avec les belles plantes de leurs pics et de leurs vallées.

M. Landrin donne, pour former ces herbiers, une recette que nous lui emprunterons, parce qu'elle est excellente. « Il faut d'abord, dit-il, jeter les algues dans l'eau douce, les agiter et laisser les plantes se décoller d'elles-mêmes. Dans un plat creux on met ensuite une feuille de papier, sur celle-ci on verse de l'eau bien pure, puis on prend une algue lavée avec soin, on la plonge dans cette eau et on l'aide à s'étendre en séparant ses rameaux au moyen d'une baguette ou d'une aiguille, suivant leur consistance. On soulève alors le papier par le coin, et l'herbe reste à sec parfaitement étalée. Il est bon de faire sécher sous une vitre ou de la toile cirée, les végétaux marins se collant à tous les papiers. — Il reste à déterminer le nom de chaque algue en consultant les ouvrages spéciaux, et à l'écrire sur la feuille qui les porte. Les plantes marines, desséchées, conservent admirablement leur forme et leur couleur ; aussi ces herbiers sont-ils bien plus séduisants que ceux des végétaux terrestres. »

L'hiver venu, le soir, au coin du feu, tandis que la neige tombe, lente et froide, on retrouve ces petits travaux de l'été, fragments arrachés au furieux Océan, et avec eux, comme dans un rêve, les souvenirs des longues courses, du vaste horizon, des hautes lames, du grand vent, de la vie large et saine enfin, des pacifiques et salutaires spectacles !

V

LA GUERRE SOUS L'EAU.

Plongeurs. — Bateaux subaquatiques. — Torpilles. Canons sous-marins.

I

LES PLONGEURS DE GUERRE.

Détruire son ennemi sans risque ni péril est une entreprise trop séduisante pour qu'elle n'ait pas été tentée dès le jour où pour la première fois, sur la mer, le hasard mit en présence deux ennemis dont l'un était moins fort que l'autre. Pour y réussir, les anciens se servirent d'abord de plongeurs. C'est Homère, Aristote, Hérodote, Tite-Live, Lucain, etc., qui nous l'apprennent. Attachés aux flottes de guerre, c'est à eux qu'échéaient la surveillance des câbles qui maintenaient les navires sur leurs ancres, et l'entretien des coques. L'un d'eux, Scyllis de Scyone, fit plus, et par cela acquit une renommée qui a traversé les siècles. De son temps même un peintre célèbre, Androbius, n'avait point dédaigné d'en faire le personnage principal de l'une de ses compositions; Pausanias ajoute qu'un sculpteur non moins illustre avait fait sa statue et celle de sa fille, Cyané : images que les Amphictyons placèrent à Delphes, à côté du sophiste Gorgias, de Leontium. Voici pour quel glorieux motif. « Lorsque l'armée navale de Xerxès fut assaillie par la tempête, vers le mont Pélion (c'es Pausanias qui parle), Scyllis et sa fille Cyané contribuèrent beaucoup aux pertes qu'elle fit, en allant par-dessous les eaux arracher les ancres et tout ce qui servait à retenir les vaisseaux. » — « Les filles véritablement vierges sont celles qui plongent avec le plus de facilité dans la mer, » ajoute le géographe en façon d'apohthegme.

Le plongeur de Scyone fit école. Quand les Grecs assaillirent Syracuse, nous retrouvons des plongeurs aidant les Athéniens, comme Scyllis les avait aidés jadis contre le souverain de la Perse : les assiégés ayant fermé leur port avec une estacade, d'habiles nageurs allèrent scier sous l'eau les pieux qui la formaient.

Au siége de Tyr, d'autres plongeurs non moins habiles coupèrent les câbles des vaisseaux d'Alexandre, qui dut les remplacer par des chaînes. Ils retardèrent aussi la construction d'une digue immense, raconte Arrien. Des instruments crochus leur servaient à entraîner des arbres sur lesquels des pierres et de la terre étaient amoncelées, et ces matériaux, privés de soutien, ne tardaient pas à s'écrouler.

Dès lors, l'importance du rôle qui pouvait être réservé aux plongeurs dans les engagements maritimes fut mise hors de doute, et l'on voit les écrivains militaires les plus autorisés de l'antiquité s'étendre sur cet élément nouveau de lutte et de destruction. L'ingénieur Philon recommande expressément l'emploi des plongeurs pendant la nuit, non-seulement pour couper les câbles des vaisseaux ennemis, mais encore pour percer les carènes. Nous trouvons dans sa *Poliorcétique*, avec la description des instruments dont les plongeurs devront se servir, l'énumération des mesures à prendre pour faire échouer leurs attaques. Les Byzantins se souvinrent à propos des enseignements de leurs compatriotes lorsqu'ils se furent déclarés pour Pescennius Niger. Leurs plongeurs, dirigés par l'ingénieur Priscus, allèrent couper les câbles des galères de Septime Sévère, qui les assiégeait. Dion rapporte que ces nageurs attachaient ensuite près du gouvernail un long cordage que les assiégés tiraient à eux, « en sorte, dit-il, que ces bâtiments semblaient déserter d'eux-mêmes la flotte de l'empereur. » Ce stratagème avait été employé déjà dans les guerres de Sextus Pompée contre le triumvirat, et le fut souvent depuis.

Plutarque raconte qu'Antoine employa les plongeurs à des exercices moins terribles. Il était alors tout entier à Cléopâtre, en compagnie de laquelle il ne dédaignait pas de se livrer à l'innocent passe-temps de la pêche à la ligne. « Mais, dit Plutarque (par la plume d'Amyot), voyant qu'il ne pouuoit rien

prendre, en estoit fort despit et marry. Si commanda secretement à quelques pescheurs, quand il auroit ietté sa ligne, qu'ils se plongeassent soudain en l'eau, et qu'ils allassent accrocher à son hameçon quelque poisson de ceux qu'ils auroient eux peschez auparauant, et puis retira ainsi deux ou trois fois sa ligne auec prise. Cleopatra s'en apperceut incontinent; toutefois elle fit semblant de n'en rien sçauoir et de s'esmerveiller comment il peschoit si bien : mais à part elle conta le tout à ses familiers et leur dit que le landemain ils se trouuassent sur l'eau pour voir l'esbatement. Ils y vindrent sur le port en grand nombre, et se mirent dedans des bateaux de pescheurs, et Antonius aussi lascha sa ligne, et lors Cleopatra commanda à l'vn de ses seruiteurs qu'il se hastast de plonger deuant ceux de Antonius et qu'il allast attacher à l'hameçon de sa ligne quelque vieux poisson salé, comme ceux qu'on apporte du pays de Pont; cela fait, Antonius, qui cuida qu'il y eust un poisson pris, tira incontinent sa ligne : et adonc, comme on peut penser, tous les assistans se prirent bien fort à rire, et Cleopatra en riant lui dit : « Laisse-
« nous, Seigneur, à nous autres Ægyptiens, habi-
« tans de Pharus et de Canobus, laisse-nous la ligne;
« ce n'est pas ton métier; ta chasse est de prendre et
« de conquérir villes et citez, pays et royaumes. »

Les sérieux secours que pouvaient fournir les plongeurs ne devaient pas être seulement appréciés des peuples de la Méditerranée. En l'an Ier de J.-C., « sous Frothon III, dit un vieux recueil (1), la marine des Danois fut en grande réputation. Oddo était un pirate fameux et si habile marin qu'il passait pour un magicien ayant à ses ordres les vents et les flots. Éric l'Éloquent, qui devint plus tard souverain de son pays, fut fait amiral d'une flotte destinée par le roi de Suède, qui était en guerre avec le roi de Danemark, à aller combattre Oddo. Éric, qui était brave, mais qui connaissait combien il était difficile et dangereux d'attaquer un homme que l'on croyait avoir enrôlé les démons dans sa milice, opposa la ruse au maléfice : il fit pendant la nuit percer sous l'eau, par des plongeurs hardis, tous les vaisseaux d'Oddo. Le matin, comme ils commençaient à couler bas et que l'équipage ne songeait plus qu'à vider l'eau qui envahissait leurs navires, Éric les attaqua. Les Danois, occupés à se garantir du naufrage, ne purent soutenir en même temps l'assaut de leur ennemis et périrent tous avec leur flotte. »

En parcourant les annales des peuples modernes nous retrouvons les plongeurs jouant, comme dans l'antiquité, dans les engagements navals un rôle quelquefois décisif. C'est ainsi qu'au commencement du XIVe siècle Bonifacio leur dut sa délivrance. Cette ville étant bloquée par une flotte d'Alphonse, roi d'A-

(1) *Recueil historique de faits pour servir à l'histoire de la marine.* Paris, 1777.

15

ragon, des plongeurs réussirent à couper les câbles de plusieurs vaisseaux ; il en résulta un grand désordre et beaucoup d'avaries, dont une escadre génoise profita pour secourir la place.

Plusieurs des historiens que nous parcourons ont vu les plongeurs à l'œuvre, et les scènes dont ils les ont rendus spectateurs revêtent parfois un caractère très-dramatique. Ainsi il arrivait souvent que les plongeurs de l'un et l'autre camp se rencontraient sous l'eau : il y avait alors des luttes terribles. A. Jal cite un de ces engagements, dans son *Glossaire nautique*, qui eut lieu au siége de Malte par Mustapha-Pacha en 1565. « La Valette, le grand-maître de Malte, dit-il, craignant une attaque que les Turcs projetaient contre la Sanglea, et qui lui fut dénoncée par le Grec Lascaris, à qui il venait de sauver la vie, fit établir une palissade de la pointe de la Sanglea au Corradino. Le visir Mustapha, ne pouvant aller avec des embarcations armées affronter ce rempart, entre les joints duquel les soldats de La Valette faisaient jouer les arbalètes et les arquebuses, donna ordre à sa brigade de plongeurs d'aller, la hache à la main, faire ce que d'autres plongeurs avaient fait quelques siècles auparavant contre la palissade des Syracusains. Les Turcs se mirent à l'eau ; mais ils n'arrivèrent point au retranchement planté dans la mer sans être soudainement attaqués par des plongeurs maltais, les plus habiles des nageurs sous l'eau depuis l'antiquité. Un horrible combat s'engagea alors dans la mer, chacun des combattants se soutenant d'une main sur l'eau, et frappant de l'autre avec la hache ou l'épée. » — « La lutte dura plusieurs minutes, ajoute Jal, au bout desquelles les Turcs furent contraints de prendre la fuite, ayant perdu la moitié des leurs et laissant le champ de bataille aux Maltais, que, du haut des fortifications, La Valette et de Monte, l'amiral des galères de la religion, virent rentrer dans le port, emportant les blessés ou aidant à nager ceux que les armes turques n'avaient pas réduits à l'impossibilité de faire quelques mouvements. »

L'usage de la poudre, en changeant les conditions de la guerre, devait influer sur l'industrie des plongeurs comme sur l'art militaire des Anciens. Plus nous nous rapprochons de notre époque, et plus leur rôle s'atténue ou s'efface. Les derniers que nous rencontrions occupant une position officielle appartenaient à la marine de Louis XIII. Ils avaient le rang d'officiers et portaient le titre de *mourgons;* mais il ne semble pas qu'ils eussent un emploi guerrier. Celui-ci paraît avoir été borné à la visite des carènes des bâtiments. A leur tour ils perdirent leurs prérogatives, quoique leurs fonctions aient toujours conservé leur opportunité. « En 1793, dit un officier qui a écrit sur le sujet qui nous occupe (de Mongery), les calfats étaient quelquefois assez bons plongeurs; mais cela n'a plus lieu. Les Espagnols ont moins perdu que nous sous ce rapport; j'ai vu employer leurs plongeurs pour le service de nos vaisseaux à Brest, en 1779, et à Cadix, après le combat de Trafalgar. »

II

DATEAUX SOUS-MARINS.

Malgré le rôle exclusif laissé aux plongeurs dans l'antiquité, nous ne saurions croire que les Anciens aient renoncé à résoudre le problème de la vie sous l'eau, voire même de la navigation sous-marine. Il est certain qu'avec le sentiment profond qu'ils avaient de la nature, sentiment qui leur a permis de transporter un si grand nombre de ses procédés dans leurs arts, ils durent être frappés du spectacle que leur offraient les poissons. L'un de ceux-ci surtout (si l'on veut bien nous permettre d'appeler ainsi les céphalopodes), très-commun dans la Méditerranée et qui donna plus tard son nom aux premiers bateaux sous-marins, le *nautile*, paraît avoir servi souvent de sujet à leurs méditations. Aristote, Pline, Ælien, Athénée, Oppien, etc., en parlent longuement, sans toutefois l'avoir étudié avec une suffisante rigueur. Ils se le représentaient avec une coquille cloisonnée en forme de coque de navire, et doué d'une membrane dont il se servait comme d'une voile et de bras qu'il employait en guise de rames. Ils ajoutaient qu'il était pourvu d'une vessie qu'il pouvait remplir d'air ou d'eau à son gré. Pleine d'eau, cette vessie faisait enfoncer l'animal; pleine d'air, elle le faisait émerger. Il revenait alors à la surface, sur laquelle il se mouvait soit à la voile, soit à l'aviron.

Cette description est plus séduisante qu'exacte. Dans ces dernières années, un naturaliste distingué, M. Rang, l'a démontré dans l'étude spéciale qu'il a faite des céphalopodes. Il résulte de ses recherches qu'ils sont moins brillamment doués que ne se le figuraient les Anciens. Ainsi, les bras palmés qu'ils avaient pris pour des voiles ne servent au nautile (devenu aujourd'hui l'*argonaute*) qu'à envelopper, retenir et protéger sa fragile coquille. Tantôt il rampe au fond sur ses autres bras, tantôt il nage entre deux eaux avec une assez grande rapidité. Il est bien vrai qu'il peut s'élever à la surface de la mer, mais c'est par des moyens semblables à ceux qu'emploient les sèches et les poulpes, c'est-à-dire en aspirant et en refoulant l'eau dans le tube locomoteur dont il est pourvu. Lorsqu'il est inquiété, il peut se cacher dans sa coquille, qui, perdant l'équilibre, se renverse sur le dos et coule au fond (1). Telle est la vérité; il faut avouer que le mensonge en diffère peu et que les Anciens ont pu ajouter foi à la description que nous avons reproduite. On doit d'autant moins tenir rigueur à ses auteurs que c'est peut-être à l'idée qu'ils se faisaient des facultés du nautile qu'ils durent l'invention des rames et des voiles. Quant à l'art de se gonfler d'eau ou d'air à sa fantaisie et aux autres qualités qu'ils prêtaient au mollusque, ils paraissent s'être contentés de les admirer.

Les recherches sont plus modernes : elles remontent au XVIIe siècle. En 1604, nous voyons Magnus Pegelius donner une description de bateau sous-marin qu'il faut mentionner; mais son récit est tellement obscur que nous ne saurions dire s'il a voulu parler d'une vaste cloche ou d'un bateau plongeur. Plus clair est Harsdoffer nous décrivant deux navires de cette espèce dus au génie du célèbre Hollan-

(1) On peut lire sur cette classe d'animaux marins la page intéressante que leur a consacrée M. Arthur Mangin dans ses *Mystères de l'Océan.* — Un Anglais, M. Ruthven, a lancé en 1861, sur la Tamise, un bateau dont le principe repose sur l'observation de ce tube locomoteur. Il le remplace dans sa construction par une pompe centrifuge d'une forme particulière combinée avec des plaques courbes au moyen desquelles une partie de l'eau est aspirée dans l'intérieur et rejetée ensuite au dehors, de façon à pousser le navire dans une direction opposée à celle de la sortie de l'eau. Il est juste d'ajouter qu'avant M. Ruthven ce système avait été essayé en France par MM. Ediard et Rouen frères, Tellier et Coignard.

dais inventeur du thermomètre, Corneille van Drebbel (1620). « Un jour qu'il se promenait sur la Tamise, dit-il, Drebbel vit des marins qui traînaient derrière leur barque des paniers remplis de poissons; il observa que les barques enfonçaient considérablement dans l'eau, mais qu'elles se relevaient un peu lorsque les paniers tendaient avec moins de force le cordage auquel ils étaient attachés. Cette observation lui fit penser qu'un navire pouvait être tenu sous l'eau par un système semblable et être mis en mouvement par des rames et des perches. Quelque temps après, il fit construire deux petits navires de cette nature, mais de différentes grandeurs, qui étaient bien fermés avec du cuir gras, et le roi lui-même (Jacques Ier) navigua à bord de l'un d'eux dans la Tamise. » Ce n'est pas tout: un biographe de Drebbel ajoute qu'on pouvait lire dans cette voiture aquatique sans le secours de chandelles. Boyle dit que les rameurs étaient au nombre de douze, outre les passagers. Le navire se maintint, paraît-il, très-bien entre deux eaux, plongeant avec facilité jusqu'à 12 ou 15 pieds, profondeur à laquelle le vaisseau rencontrait une densité qui eût pu lui être funeste. L'espace de temps pendant lequel il était permis de demeurer dans le navire « n'était pas limité, disait le docteur Keiffer, gendre de Drebbel, au voyageur français Monconys; il avait découvert que l'air contient un fluide qui sert particulièrement à la respiration, et il avait composé une sorte de liqueur qu'il appelait *quintessence d'air.* Il suffisait de répandre quelques gouttes de cette liqueur pour donner aux personnes renfermées dans une atmosphère corrompue la faculté de respirer aussi agréablement que si elles se fussent transportées sur la plus belle colline. »

C'est net!... Maintenant quelle était cette liqueur? Pecklinus (*Observationes medicæ*) pense que Drebbel purifiait l'air de son bateau au moyen d'un sel volatil oléagineux quelconque. L'abbé de Hautefeuille (1680) n'est point de cet avis. « Le secret de Drebbel, dit-il dans sa *Manière de respirer sous l'eau*, devait être la machine que j'ai imaginée et qui consiste en un soufflet, deux soupapes et deux tuyaux aboutissant à la surface de l'eau, l'un apportant l'air et l'autre le renvoyant. En parlant d'une essence volatile qui rétablissait les parties nitreuses qui s'étaient consumées par la respiration, Drebbel voulait évidemment déguiser son invention et empêcher qu'on ne la découvrît. »

On trouve dans l'*Hydrographie* du P. Fournier plusieurs renseignements précieux sur la navigation sous-marine. Il examine les principales conditions de la pesanteur spécifique d'un bateau sous-marin dont il indique le plan; il recommande de le garnir de vitrage, ajoute qu'on pourrait le faire marcher sur le fond de la mer, comme une voiture, mais qu'il faudrait plutôt le faire aller entre deux eaux; enfin il propose d'essayer de renouveler l'air à l'aide d'éolipyles, et déclare tenir cette pensée du P. Mersenne. Le savant minime était assez riche pour prêter sans compter; aussi lui a-t-on emprunté beaucoup dans cette question de la navigation sous-marine, et s'il ne l'a pas complétement élucidée, on peut dire qu'il a fourni à ses successeurs la plupart des éléments qui les ont aidés à approcher très-près du but. Au reste, voici ce qu'il conseillait : 1° le cuivre ou quelque autre métal substitué au bois pour construire toute la coque du navire; 2° la forme d'un poisson donnée à cette coque, de manière toutefois que les deux extrémités soient pareilles, et qu'on puisse marcher dans des directions rétrogrades sans virer de bord; 3° des écoutilles garnies de deux ou trois panneaux placés les uns au-dessus des autres, ou de grands sacs en cuir munis de robinets, qui permettent d'introduire ou de faire sortir des hommes et des matériaux, quoique le navire demeure plongé sous l'eau; 4° divers instruments pour saisir dans la mer les objets ou les poissons qu'on voudrait prendre; 5° des canons et autres machines de guerre pour défoncer la carène des vaisseaux ennemis; 6° des manches de cuir ayant une extrémité flottante à volonté, pour rétablir la communication avec l'atmosphère; 7° des embarcations sous-marines et des cornemuses pour faciliter la même opération et pour embarquer ou débarquer des passagers ou des munitions; 8° des roues pour faire marcher le navire et un procédé très-simple pour se servir, sous l'eau, des rames ordinaires, après les avoir garnies de cuirs imperméables; 9° des machines pneumatiques pour agiter et purifier l'atmosphère intérieure; 10° des calculs et des expériences concernant la quantité de fluide nécessaire à la respiration des hommes et à la combustion des lumières; 11° un système d'éclairage par des corps phosphorescents, et une manière de cuire les aliments avec économie d'air et de combustible; 12° l'emploi de la boussole, que Mersenne avait justement présumée devoir conserver son action entre deux eaux.

Après lui et après le P. Fournier, d'autres chercheurs, parmi lesquels le P. Fabre, signalèrent les avantages que l'on pouvait retirer de machines naviguant sous l'eau. Nous laisserons de côté ces écrits sans intérêt, pressés que nous sommes de voir la mise en pratique de ces théories.

Ici encore les errements sont nombreux; mais ce n'en est pas moins un honneur d'y avoir attaché son nom, et l'on doit signaler ceux des hommes laborieux qui ont trouvé le chemin tout en s'y égarant. De ce nombre est un de nos compatriotes, que nous voyons construire, en 1653, à Rotterdam, un navire où nous retrouvons quelques traits de la physionomie des bâtiments contemporains. Il n'avait pas moins de 72 pieds de long, 12 de haut et 8 de large; une poutre très-solide, dont les extrémités, saillantes et garnies de fer, étaient destinées à remplacer l'éperon des galères et à défoncer les vaisseaux ennemis, le traversait dans toute sa longueur. Là ne s'arrêtait pas sa ressemblance avec nos cuirassés et nos monitors: sa poupe et sa proue avaient les mêmes dimensions et formaient chacune une pyramide quadrangulaire. Le navire ne devait plonger ordinairement que jusqu'à fleur d'eau, mais ses parties hautes présentaient un talus très-aplati, afin de faire ricocher tout projectile qui les aurait frappées. Au centre du navire il y avait une roue garnie d'aubes à charnières qui devaient conserver la position verticale; cette roue agissait entre des cloisons qui eussent empêché l'eau d'entrer dans le bâtiment. L'ingénieur cachait la manière de le faire marcher et évoluer, et prétendait que si la trahison le livrait à des ennemis, cette capture ne leur serait d'aucune utilité. Il se vantait, vraisemblablement à tort, de pouvoir exécuter facilement les plus longues traversées; d'être en mesure de détruire cent vaisseaux ennemis dans un seul jour, soit en pleine mer, soit dans les rades et les ports les mieux défendus, etc. Ce navire si complétement original ne fut même pas essayé. Il resta exposé pendant quelques mois à Rotterdam, où l'on pouvait le voir moyennant une légère rétribution; puis il disparut et il n'en fut plus question.

Un autre navire décrit par Borelli (*de Motu animalium*, 1680) paraît avoir eu le même sort. Il se distinguait de celui de Rotterdam en plusieurs points : « Ainsi, dit Borelli, des outres communiquant avec l'eau sont appliquées à la partie inférieure de ce bâtiment et le font plonger lorsqu'elles se remplissent; elles se vident et font surgir le navire lorsqu'on appuie sur le levier d'une sorte de presse. L'extrémité des rames imite la patte d'oie; elle est garnie de tringles à charnières qui sont recouvertes de cuir et qui s'ouvrent et se ferment dans un sens opposé ! »

Au XVIIe siècle, beaucoup d'écrits sur la navigation sous-marine (ceux de Borrichius, de Wilkins, de Morhosius, de Paschius, de Sturmius), mais peu de faits. Il nous faut descendre jusqu'à 1776 pour retrouver des expériences, quoique le sujet fût pour ainsi dire resté à l'ordre du jour, puisque vers 1727 on avait déjà délivré en Angleterre quatorze patentes pour le perfectionnement des machines à plonger. Cette fois, c'est un simple ouvrier du Connecticut, David Bushnell, qui sollicite l'attention des savants de son temps. Son bateau, au dire de ces derniers, n'était point grand, mais il contenait assez d'air pour qu'un homme pût y respirer pendant une heure. Il s'enfonçait et remontait d'après le système adopté par ses prédécesseurs. Des morceaux de plomb fixés sous sa carène par un fil d'archal pouvaient également faciliter son ascension, car le fil d'archal passait dans le bateau au travers d'un tube capillaire, et en le coupant le plomb se trouvait détaché.

Une rame, contournée en spirale et placée horizontalement sous le bateau, le faisait marcher en avant ou en arrière, suivant qu'on tournait cette rame dans un sens ou dans l'autre; une seconde rame en spirale était placée perpendiculairement au-dessous du bateau et aidait à régler la profondeur des immersions. Une caisse contenant 150 livres de poudre était fixée momentanément sur la poupe, et installée de manière à pouvoir être vissée contre la carène d'un vaisseau : idée reprise de nos jours par les compatriotes de Bushnell dans la confection de leurs bateaux-torpilles.

L'expérience s'en fit pendant la guerre d'Amérique, au mois d'août 1776, alors que les Anglais, campés dans l'île de Staten, menaçaient d'anéantir les forces de Washington. Certain d'avance du succès de son invention, Bushnell se présenta devant le général Parsons, lui expliqua le mécanisme de sa machine et lui demanda trois hommes pour la manœuvrer et la diriger contre les vaisseaux ennemis. Parsons lui fit le plus cordial accueil, « et, raconte Silliman (*Journal of sciences*), lui donna pour cette expédition un homme déterminé, Ezra Lee, sergent d'infanterie, qui étudia la machine, et de concert avec Bushnell décida qu'il profiterait de la première nuit où le temps serait calme pour en faire l'essai sur les vaisseaux anglais, alors à l'ancre au nord de l'île de Staten. Cette nuit désirée arriva. A onze heures, six à huit hommes s'embarquèrent dans deux petits canots, remorquant la machine de Bushnell. Ils ramèrent aussi près de la flotte qu'ils purent. Lee entra dans la machine; on coupa la corde, et les bateaux s'éloignèrent. Comme la marée se retirait, Lee s'aperçut un peu tard que le courant l'entraînait au delà de la flotte; il manœuvra pendant deux heures et demie pour revenir sur ses pas, et parvint sous la poupe d'un vaisseau dans l'intervalle du flux et du reflux, ce qu'on appelle, en termes de marine, à eau morte, à cause du peu de mouvement des flots. A la lueur de la lune, il pouvait apercevoir les hommes de garde et même entendre quelques mots de leur conversation. Il crut le moment propice pour plonger, et ayant fermé l'ouverture au-dessus de sa tête, il laissa entrer l'eau dans la machine et descendit sous la cale du vaisseau. Le projet était de faire un trou et d'y attacher un coffre rempli de matières combustibles pour faire sauter le vaisseau; mais Lee essaya vainement d'entamer les planches doublées de cuivre : à chaque nouvel effort, la machine rebondissait loin de la cale.

« Il parcourut toute la longueur du vaisseau, cherchant à percer la quille ou les planches; cette manœuvre le fit dévier un peu, et la machine s'éleva à la surface. Il faisait jour, le danger était imminent. Lee fit aussitôt une nouvelle descente, dans l'intention de tenter une seconde attaque ; mais la lumière du matin, qui devenait plus vive de moment en moment, la certitude de ne pouvoir échapper aux bateaux de l'ennemi, s'il était une fois découvert, lui firent abandonner son entreprise pour songer à la retraite. Il avait une distance de plus de quatre milles à parcourir, mais la marée lui était favorable. Il courut un grand danger à la hauteur de l'île du Gouverneur (Governor's island) : sa boussole s'étant dérangée, il fut obligé de regarder du haut de la machine pour savoir où diriger sa course. Les soldats qui étaient de garde à l'île du Gouverneur aperçurent quelque chose qui flottait sur la surface de la mer ; la curiosité en amena plusieurs centaines sur le rivage, pour surveiller les mouvements de ce qu'ils ne pouvaient définir.

« Enfin, plusieurs entrèrent dans un bateau et voguèrent du côté de la machine. Lee, qui vit le danger où il était, détacha comme dernière ressource l'appareil destiné au vaisseau et rempli de matières inflammables, et le laissa sur l'eau dans l'espérance que les soldats s'en approcheraient et feraient jouer l'artifice en le touchant. Ceux-ci agirent avec prudence ; ils soupçonnèrent qu'on leur tendait un piége, et, après avoir observé l'appareil à une distance de cinquante ou soixante brasses, ils regagnèrent la côte.

« Le subterfuge de Lee lui servit heureusement à détourner l'attention de la machine dans laquelle il se trouvait. En approchant de la ville il fit un signal, les bateaux vinrent à sa rencontre et le ramenèrent à terre sain et sauf. Le coffre qui renfermait l'artifice, ayant passé devant l'île du Gouverneur, entra dans la rivière de l'Est et éclata avec une violence terrible, lançant en l'air d'immenses colonnes d'eau et les pièces de bois qui le composaient. Le général Putnam, qui se trouvait alors sur les bords de la rivière avec plusieurs officiers, fut témoin de l'explosion. »

Tout insuffisant qu'ait été cet essai, on doit le prendre pour le point de départ de la navigation sous-marine, car il attira l'attention d'un homme dont les inventions, repoussées d'abord, devaient forcément prendre une place importante dans la tactique moderne, de Fulton enfin, qui n'a rien inventé, mais qui a poussé si loin la perfection des objets dont il s'est occupé, qu'il a laissé très-loin derrière lui ceux auxquels on en doit l'idée première.

Ce fut pour le service d'engins de guerre sous-marins, dont il avait certainement pris le principe à Bushnell, que Fulton construisit son bateau-plongeur. Il en fournit d'abord le plan au Directoire, qui l'accueillit. Une commission fut nommée qui donna un rapport favorable. Aussi fut-ce avec une surprise facile à comprendre que Fulton reçut du ministère de la marine l'avis que ses plans étaient définitivement rejetés. Il s'adressa alors à la Hollande, qui ne lui donna pas une réponse meilleure. Fulton attendit, et quand Bonaparte fut appelé au consulat, il se représenta. Sa requête, cette fois, eut le succès qu'il en espérait. Des fonds lui furent accordés pour continuer ses expériences. Volney, Monge et Laplace, nommés commissaires, approuvèrent ses vues. En 1800, sur l'invitation des commissaires du premier consul, et avec les fonds accordés par le ministère, Fulton construisit un grand bateau sous-marin qui fut soumis, à Rouen et au Havre, à des essais qui ne répondirent pas aux promesses de l'inventeur. Il fut plus heureux à Brest. S'étant rendu dans ce port pendant l'été de 1801, il y exécuta plusieurs expériences concluantes. « Il s'enfonça jusqu'à quatre-vingts mètres sous l'eau, dit Figuier, y demeura vingt minutes, et revint à la surface après avoir parcouru une assez grande distance ; puis, disparaissant de nouveau, il regagna son point de départ. »

Déjà, en 1796, un de nos compatriotes, Castéra, avait présenté au gouvernement un projet de bateau sous-marin qu'il assurait être propre à détruire les navires anglais qui croisaient sur nos côtes. A l'exposé du résultat obtenu par le *Nautilus* de Fulton, que publièrent les journaux, le public, qui n'avait vu dans les travaux de Castéra qu'une ingénieuse folie, soupçonna dans les expériences qui venaient d'avoir publiquement lieu un résultat provenant de révélations de bureau. Il ignorait quel homme était Fulton en moralité et en talent. L'examen des deux systèmes prouva bientôt que nul autre rapport ne les liait l'un à l'autre, que l'exécution d'une idée mère tombée à peu près dans le même temps dans la tête de deux hommes doués de l'esprit d'analyse et d'invention, et qui devait nécessairement leur faire suivre une ligne parallèle. Dans les détails se trouvaient seulement des différences marquées au cachet de l'originalité. C'est ainsi que Fulton avait employé une portion de vis d'Archimède, s'effaçant derrière son *Nautilus,* moyen plus heureux que les avirons brisés placés latéralement. Il joignait à ces premières combinaisons un procédé à lui pour indiquer la distance de la surface, et un appareil de voiles et de mâts à ressorts pour convertir au besoin l'embarcation sous marine en bateau ordinaire (1). Mais ces procédés ne purent être jugés, étant restés à l'état de projet dans son *Essai de navigation sous-marine.*

La tentative de Fulton, qu'il n'eut pas le loisir de renouveler puisqu'il mourut en 1815, eut pour effet d'exciter l'émulation de plusieurs savants de l'époque, et entre autres de Brizé-Fradin, de d'Aubusson de

(1) On sait peu de chose sur la façon dont Fulton avait construit son bateau. Un ingénieur allemand, M. Eyber, mort en 1866, et qui était lui-même l'auteur d'un bateau sous-marin qu'il supposait ressembler beaucoup à celui de Fulton, nous a dit avoir vainement fouillé les archives de l'Amérique, de l'Angleterre, de la France et de l'Allemagne pour retrouver les plans de l'illustre Américain.

la Feuillade, des frères Coëssin. Plus heureux que Fulton, ces derniers surent intéresser Napoléon à leurs efforts. Sur son ordre fut essayé, au Havre, en 1809, un bateau d'une longueur totale de 27 pieds, qui nous paraît avoir peu différé de celui de Bushnell. Il pouvait contenir neuf ou dix hommes auxquels deux tuyaux de cuir terminés par un flotteur apportaient de l'air du dehors. Des rames servaient de nageoires à ce poisson de bois et de fer qui obtint une vitesse d'une demi-lieue à l'heure. Ce n'était point suffisant, « Cependant, dit le rapport de la commission nommée par l'Institut (1), il faut distinguer de pareilles inventions, dans lesquelles l'expérience a prouvé que les plus grandes difficultés ont été prévues, de celles qui ne sont souvent que des projets informes, et dont l'épreuve pourrait être très-périlleuse. Il n'y a plus de doute maintenant qu'on puisse établir une navigation sous-marine très-expéditivement et à peu de frais; et nous croyons que MM. Coëssin ont établi ce fait par des expériences certaines. »

L'Institut rompait cette fois avec ses habitudes de savoir et de circonspection, car déjà le même fait avait été établi par les expériences de Drebbel, de Bushnell, de Fulton, etc. De plus, le nautile des frères Coëssin faillit périr par un vice particulier de construction,

(1) Elle était composée de Monge, Sané, Biot et Carnot, rapporteur.

et l'épreuve qu'on en fit ne mérite que trop d'être appelée périlleuse. Enfin, les plus grandes difficultés n'avaient pas été prévues ni vaincues, car cette embarcation marchait mal, était facile à découvrir et à saisir par son flotteur, ne possédait aucune arme redoutable, et était dépourvue des moyens de se diriger sous l'eau avec certitude.

Telle est du moins l'opinion d'un officier de notre marine, de Montgéry, qui a lui-même proposé un bateau sous-marin dont le projet doit être mentionné avec celui qu'ont exposé MM. Payerne et Lamiral en 1855. Ce dernier possédait une hélice qui devait être mue par la vapeur. Dans le foyer de la machine, les inventeurs faisaient brûler un combustible composé avec un corps oxygéné, tel que l'azotate de potasse ou de soude, qui suppléait à la suppression du courant d'air. Cette idée hardie n'a pu entrer dans le domaine de la pratique, en raison des dangers d'explosion qu'offrait ce combustible. Un autre bateau-plongeur, celui de l'honorable M. Conseil, qui n'a pas satisfait la commission ministérielle nommée en 1859 pour l'examiner, doit être également cité, avec celui de M. Villeroi (de Nantes), qui fut essayé, en 1832, à Noirmoutiers avec un succès décisif, dit un journal du temps, *le Navigateur*. « A quatre heures, la mer étant dans son plein, raconte cette feuille, M. Villeroi est entré dans sa machine et l'a poussée au large. Le bateau à vapeur sous-marin a d'abord couru à fleur d'eau pendant une demi-heure, ensuite il a plongé dans 15 ou 18 pieds d'eau, où il a enlevé du fond des cailloux et á recueilli quelques coquillages. Il a couru ensuite en divers sens pendant cette submersion pour tromper une partie des canots qui l'avaient entouré depuis le commencement de l'expérience. M. Villeroi, remontant ensuite, a reparu à quelque distance, se dirigeant à fleur d'eau dans diverses directions, et après cette navigation, qui a duré en totalité cinq quarts d'heure, il a ouvert son panneau et s'est montré au public, qui l'a accueilli d'un vif intérêt et de ses suffrages. »

Depuis lors il n'a plus été reparlé de ce bateau. En sera-t-il de même pour *el Ictineo*, de M. Narciso Monturiol, de Barcelone? bateau qui n'a pas été expérimenté moins d'une soixantaine de fois, dit M. Garrido dans son *Espagne contemporaine* (1862), et dont un de nos compatriotes entretenait tout récemment encore les lecteurs d'un journal parisien. « J'ai vu *l'Ictineo*, écrivait-il. Il manœuvre à 18 mè-« tres sous l'eau avec la même facilité qu'à la superficie. « Quand l'oxygène manque, un appareil le produit à « mesure que le besoin s'en fait sentir, et pendant cinq « heures un équipage de dix hommes est resté sous « l'eau sans communication avec l'air supérieur. Ce « n'est pas tout : le navire est armé de canons et fait la « manœuvre de cette arme avec autant de justesse qu'à « terre ou à bord d'un autre navire ; les coups sont di-

« rigés de bas en haut contre la partie vulnérable de « la coque des navires blindés. L'*Ictineo* est, en outre, « armé d'une puissante tarière mue par la vapeur et « propre à percer la coque des navires. L'invention « mérite d'attirer les regards des marins et des sol- « dats. »

Les marins et les soldats français ont eu plus de bonheur avec *le Plongeur* de M. le contre-amiral Bourgois. Certes, si le problème n'a pas été résolu avec ce bateau, on peut affirmer que, de tous ceux qui ont été imaginés, c'est celui qui a touché le plus près à la vérité. Et d'abord, le principe sur lequel il repose est tout nouveau : son moteur est l'air comprimé. Les dimensions fixées par M. Bourgois, de concert avec le constructeur du bateau, M. Brun, ingénieur de la marine, sont de 44 mètres. Il a la forme d'un cigare (1) qui serait légèrement aplati

(1) Cette forme nouvelle est appelée, croyons-nous, à un grand avenir, par suite de la stabilité qu'elle donne sur l'eau.

« En passant à la remorque de *la Vigie* devant le canal qui sépare l'île de Ré de celle d'Oléron, nous disait un officier témoin des expériences du *Plongeur*, la mer était creuse et le remorqueur roulait de manière à ne pas permettre de marcher sans appui sur son pont. Le *Plongeur*, au contraire, dont les compartiments étaient vides, et qui, par suite, s'élevait d'un pied au-dessus de l'eau, ne bougeait pas, la lame passait par-dessus, et l'équipage se promenait dans l'intérieur comme en terre ferme. »

Le fait frappa les Américains. En 1864 l'un d'eux, M. Winam, a lancé sur la Tamise un bateau long de 78 mètres, qui

sur le tiers de sa circonférence. Son arrière est évidé de manière à contenir une hélice, un gouvernail vertical et deux gouvernails horizontaux, qui servent, suivant l'inclinaison qu'on leur donne, à faciliter l'immersion du bateau ou son retour à la surface. Intérieurement, on remarque une coursive courant de l'avant à l'arrière et divisant ainsi le bateau en deux parties qui renferment : la première une machine à air comprimé, de 80 chevaux ; la seconde de vastes réservoirs en forme de tubes dans lesquels s'emmagasine cet air, qui est comprimé à 12 atmosphères. Immédiatement au-dessous de ces compartiments, on en a placé d'autres chargés de recevoir l'eau qui sert de lest au bateau et aide à son immersion. Pour chasser cette eau et rendre au bâtiment sa légèreté, il suffit de mettre ces tubes en communication avec ceux qui contiennent l'air comprimé. Ajoutons que *le Plongeur* est doué en outre d'un mécanisme particulier à l'aide duquel sa carapace supérieure peut se détacher, et du même coup se transformer en canot de sauvetage pour l'équipage, lequel est de douze hommes.

a tout à fait la forme du *Plongeur*. A chacune de ses extrémités il a une hélice : celle de l'arrière, pour refouler l'eau ; celle de l'avant, pour l'attirer et s'y visser en quelque sorte. Son inventeur assure qu'il se comporte très-bien à la mer, soit que la vague déferle sur sa carapace, comme sur celle d'une baleine, soit qu'il saute dessus comme un marsouin.

Lancé en mai 1863, ce bâtiment devint aussitôt l'objet d'une série d'expériences sur la Charente, dans le bassin de Rochefort et en pleine mer, sous la direction de MM. Bourgois et Brun. Ces expériences ont permis de constater que la construction du navire ne laissait rien à désirer et que tout avait été prévu. Restait la question de stabilité, d'équilibre entre deux eaux. Celle-ci n'a malheureusement pas donné les résultats qu'on espérait, et M. Bourgois a dû reprendre ses études dans ce sens.

Deux faits d'une haute importance restent en tout cas acquis à la pratique : la possibilité de l'emploi de l'air comprimé comme moteur, et celle de faire vivre sans inconvénient douze hommes sous l'eau pendant un espace de temps suffisamment considérable. Le reste sera trouvé plus tard, et, dès aujourd'hui, on doit savoir gré à M. Bourgois d'avoir ramené d'un seul coup les esprits qui s'égaraient et de leur avoir montré le seul chemin où ils aient désormais quelque chance de réussite. Tel quel, « *le Plongeur,* comme le remarquait très-justement *le Moniteur de la flotte,* offrirait à un petit nombre d'hommes intelligents et résolus les moyens d'attaquer avec succès des bâtiments d'une grande puissance et d'une grande valeur, et de renouveler ainsi les exploits de ces audacieux constructeurs de brûlots qui, au siècle dernier, ont illustré la marine française. »

Un des épisodes de la guerre américaine confirme

cette opinion. C'était en 1863. Les Confédérés possédaient un petit bateau sous-marin qui était loin d'avoir une aussi bonne installation que celui de M. Bourgois. Construit pour les travaux de port, il renfermait un mécanisme mû à la main qui faisait évoluer une hélice. Immergé, il recevait l'air par le moyen élémentaire d'un long tuyau maintenu à la surface de l'eau par un flotteur. Depuis Fulton, on le voit, la navigation sous-marine avait fait en Amérique peu de progrès. Les Confédérés n'en tentèrent pas moins avec cet engin incertain la destruction de l'*Hoosatonic*, navire amiral de l'escadre qui bloquait Charleston. Ayant placé une torpille à l'avant du bateau, son commandant, profitant de la nuit, se dirigea entre deux eaux sur l'escadre fédérale. Il l'atteignit sans encombre et fixa facilement la torpille sous le navire. Un moment après, l'arrière de l'*Hoosatonic* sautait et le bâtiment tout entier s'affaissait dans les flots. Le petit bateau n'eut pas un sort plus heureux : comme il rentrait à Charleston, il se brisa sur la barre de la rivière.

En pourvoyant leur bateau sous-marin d'une machine infernale, les Américains suivaient en cela les plans de M. Bourgois. A l'avant du *Plongeur*, celui-ci a placé un large éperon en forme de tube conique. Cet éperon renferme une cartouche capable de contenir de la poudre ou une bombe incendiaire. Étant donné un bâtiment à détruire, *le Plongeur* s'en

16

approche et le frappe de son dard, qui ouvre à 3 mètres au-dessous de la ligne de flottaison une large blessure où, comme l'abeille, il laisse son aiguillon meurtrier; puis, faisant mouvoir sa machine en arrière, il se retire promptement en déroulant un fil métallique avec lequel il peut, à la distance qui lui convient, déterminer l'explosion.

III.

LES TORPILLES.

L'éperon! tel est l'instrument de destruction, à défaut de bateaux sous-marins suffisamment maniables, auquel les marins accordent aujourd'hui leur confiance après la lui avoir retirée pendant des siècles. Il en est d'autres néanmoins qui commencent à fixer leur attention et dont l'avenir ne saurait être calculé. Ce sont les torpilles, qui, sous le nom de *torpedoes*, ont joué un rôle si considérable et pourtant si peu connu lors de la guerre de sécession américaine. Le nombre des bâtiments détruits par ces engins s'éleva à trente et un pour la flotte fédérale *seulement*, et telle était l'importance que leur reconnaissaient les Confédérés, qu'ils en avaient fait l'objet d'un service spécial. C'est à Richmond qu'en était le siége, sous la direction scientifique du brigadier général Raines. Un autre officier, qui a acquis une juste renommée dans cette guerre, le capitaine Hunter Davidson, dirigeait les opérations des torpilleurs attachés à l'armée, ou, pour leur donner leur titre officiel, des *mineurs sous-marins.*

Le comité de Richmond fabriquait et envoyait les torpedoes, et les mineurs les plaçaient dans les eaux que l'on voulait défendre. Pendant un moment, un simple détachement de ces mineurs posséda sur la rivière James, où toute la lutte était d'ailleurs concentrée, deux vapeurs, un bateau-ponton et six autres bateaux de moindre dimension. A terre, ils avaient à leur disposition quatre fourgons et six voitures, ce qui leur permettait de transporter sans retard hommes et matériel d'un point à un autre. Le personnel était assez nombreux pour que, dans plusieurs circonstances, les Confédérés aient pu repêcher leurs torpilles et les replacer à une grande distance du point primitivement occupé, et cela en une seule nuit. Nous n'avons pas à parler de leurs torpilles terrestres, qui, elles aussi, occupèrent une place sérieuse dans leur système de défense.

En donnant à la guerre sous-marine le rang qu'elle gardera désormais dans les luttes de peuple à peuple, les Américains ne faisaient que lui restituer un rôle qui fut très-marqué à des époques plus lointaines.

Bien avant l'invention de la poudre, et comme les Chinois le font encore de nos jours, nous voyons les Anciens incendier les navires à l'aide de barques remplies de fascines goudronnées, de copeaux enduits de suif ou de résine, d'étoupes huilées ou soufrées, ou de matières semblables. C'est de la sorte, on ne l'a pas oublié, que les Tyriens incendièrent les tours qu'Alexandre avait fait construire à l'extrémité d'une digue. Cassius détruisit aussi avec des brûlots trente-cinq navires qui composaient une escadre commandée par un lieutenant de César. Les Normands brûlèrent par le même moyen un pont au siége de Paris; les Sarrasins plusieurs des galères de saint Louis, lorsque ce prince faisait le siége de Damiette. « En 1203, Philippe-Auguste assiégeant l'île d'Andelys, dit Roger de Hoveden, auteur de l'*Histoire de la milice française,* Gaubert, habile ingénieur et plongeur, né à Nantes, transporta *entre deux eaux* des artifices renfermés dans des pots de terre et incendia, par leur moyen, des palissades qui défendaient l'entrée de l'île. »

C'est seulement à une époque très-éloignée de celle qui vit la découverte du moine Schwarz, deux siècles plus tard, que l'on songea à charger les brûlots non-seulement de matières inflammables, mais encore de bombes, de pots à feu, de grenades, de canons chargés jusqu'à la bouche et de barils de poudre. Puis, peu à peu, on diminua la quantité des matières incendiaires et on augmenta celle des autres artifices, surtout des barils de poudre. Le premier succès un peu saillant dans cet ordre d'idées semble avoir été obtenu en 1585 par un ingénieur italien nommé Frédéric Jambelli ou Ginibelli, qui était au service des habitants d'Anvers lors du siége de cette ville par Alexandre Farnèse. Il avait placé dans la cale de grands bateaux à fond plat plusieurs milliers de poudre, et par-dessus une grande quantité d'artifices et de grosses pierres. Ces machines, destinées à rompre un pont, furent abandonnées au courant. Le feu y fut mis par des mèches dont la durée était connue et par des espèces d'horloges dont le ressort faisait battre une pierre de fusil au bout d'un temps réglé d'avance. Leur explosion fut d'une violence horrible, ce qui leur valut le nom de machines infernales. L'année suivante, Jambelli, aidé d'un autre ingénieur nommé Timmermans, en construisit une autre qui était peut-être entièrement submergée, car elle était pourvue d'un appareil qui permettait de la diriger sous l'eau. En 1588, les Anglais employèrent aussi avec beaucoup de succès contre l'*Invencible Armada* huit brûlots installés à peu près de la même façon et allumés par la détente d'un chien de fusil fixé à un mouvement d'horlogerie tel que celui dont s'était servi Jambelli. L'auteur qui nous fait connaître ce détail, Crescentio, qui a beaucoup et bien écrit sur la marine et l'artillerie, après avoir recommandé l'emploi du feu grégeois porté par des plongeurs sous la carène des vaisseaux ennemis, enseigne la manière de fabriquer des pétards sous-marins (1607). Ces engins consistaient en de grandes pierres creuses remplies de poudre. On les eût jetées à l'eau lorsque la flotte ennemie serait entrée dans le port à défendre. Une mèche d'une certaine durée y mettait le feu, et il devait en résulter une explosion capable de tout bouleverser.

On n'a point oublié la tentative malheureuse faite, en 1628, par les Rochelois, pour rompre la digue qui fermait l'entrée de leur port; ils y employèrent trois machines infernales, ou grandes mines flottantes. Au même siége et dans la même année, les Anglais ne furent pas plus heureux que les Rochelois en essayant une invention du même genre contre les vaisseaux français mouillés sur une ligne qui s'étendait depuis la digue jusqu'à la rade de Ché-du-Bois. « Dans la nuit du dernier jour de septembre, dit Boismêlé, ils placèrent en mer une douzaine de pétards flottants qui consistaient en des machines de fer-blanc remplies de poudre. Elle renfermaient un ressort qui se débandait en touchant un corps solide et mettait le feu à l'artifice. Un de ces pétards, qui était destiné contre la flotte royale, éclata en touchant un vaisseau, et ne lui fit d'autre mal que de lui jeter de l'eau; on prit les autres avant qu'ils pussent faire leur effet. »

Corneille van Drebbel ne s'était pas seulement occupé de physique et de navigation sous-marine, il avait encore étudié la question de la guerre sous l'eau, et avait fabriqué un instrument de 25 centimètres cubes environ qu'il remplissait d'une poudre plus forte que la poudre à canon ordinaire. Ce pétard, muni d'un ressort, devait être porté à l'aide d'un bâton long de 6 mètres sous la carène d'un vaisseau qui, disait-on, eût été défoncé sans que l'explosion eût fait courir aucun risque à l'homme chargé de diriger ce bâton. Le docteur Keiffer, gendre de Drebbel, en fit l'expérience devant Cromwell, qui voulait en acheter le secret lorsque la mort vint le frapper. Depuis, on conseilla à Charles II de ne pas encourager une pareille invention, qu'on supposait capable de devenir funeste à l'Angleterre.

En continuant notre revue, nous trouvons dans les ouvrages de Casimir Siemienowitz, général polonais, une théorie de la construction des mines flottantes (1650); et dans un écrit posthume de Wilkins, imprimé en 1680, il est dit qu'on peut faire sauter les vaisseaux à l'aide de navires sous-marins. Vers 1688, à Toulon, on fit plus que ces deux écrivains, on installa en machine infernale une flûte, *le Chameau*. Dans la cale, on construisit en brique et en ciment une espèce de bombe ovoïde qui reçut 7 à 8,000 livres de poudre. De plus, le navire fut rempli d'une grande quantité de vieux canons, de bombes et d'autres artifices. Cette machine était destinée contre le port d'Alger; mais on n'en fit pas usage. Les Anglais furent moins circonspects. En 1693 et 1694, ils entreprirent de détruire, à l'aide d'immenses machines infernales, nos principales villes commerçantes de la Manche. Mais, quoique ces machines fussent secondées par des bombardements très-actifs, elles ne produisirent qu'un mal peu considérable. Ils en furent, comme on dit, pour leurs frais, et regrettèrent vivement des dépenses qui dépassèrent de beaucoup celles que nécessita la réparation de nos maisons brûlées ou abattues. Le seul effet de cette tentative fut d'engager nos voisins à abandonner pendant longtemps l'usage de toute espèce de mines flottantes. Le hasard les ramena dans cette voie, mais seulement vers 1730. A cette époque, le docteur Désaguliers, savant physicien, s'amusant à tirer des fusées aquatiques sur la Tamise, s'aperçut que l'une d'elles, qui avait éclaté sous un grand canot, l'avait soulevé sensiblement. Il en dirigea une autre contre une petite embarcation, qui fut défoncée. Une autre fois, il fit détonner une de ces fusées au fond d'un étang, et la commotion fut si violente, que les personnes qui étaient alentour ressentirent une espèce de tremblement de terre. De cette expérience date évidemment la reprise des tentatives abandonnées depuis la disparition du feu grégeois. On comprit dès lors que l'eau n'était pas un obstacle à l'explosion de la poudre, et que cette poudre seule était capable de produire des effets analogues à ceux qu'on en obtenait déjà à l'air libre. Ce ne furent point cependant les compatriotes de Désaguliers qui firent l'expérience; l'homme qui a attaché son souvenir à la découverte est ce David Bushnell dont nous avons raconté les efforts pour faire sauter, à l'aide de son bateau sous-marin, les navires anglais à l'ancre devant l'île de Staten. N'ayant point réussi, il imagina de les incendier avec des pétards flottants qui ne différaient de ceux de La Rochelle qu'en un point : au lieu d'être renfermée dans des barils en bois, la poudre l'était dans des boîtes de fer-blanc.

Le patriotique Américain a raconté cette nouvelle expédition. « C'était en 1777, dit-il. La nuit venue, je m'embarquai dans un bateau baleinier et j'allai auprès de la frégate *Cerberus*, qui était à l'ancre entre la rivière de Connecticut et New-London. Je conduisis une machine le long de son bord par le moyen d'un cordage. Cette machine était pleine de poudre et renfermait une batterie de fusil dont la détente était lâchée par un autre appareil qui devait agir en touchant le côté de la frégate. Mais la machine rencontra un petit navire qui était mouillé derrière la frégate et dont celle-ci m'avait caché la vue. L'explosion se fit, et le petit navire fut détruit, ainsi que trois hommes. Un autre homme fut lancé par-dessus le bord ; on le retrouva en vie, mais blessé très-grièvementment. — Dans une autre circonstance, ajoute Bushnell, je remplis de poudre plusieurs barils préparés de manière à ce qu'ils pussent s'enflammer sous l'eau par le contact du premier corps solide qu'ils rencontreraient. Je les jetai dans la Delaware, en avant de la flotte anglaise qui avait mouillé auprès de Philadelphie pendant le mois de décembre 1777. Je ne connaissais point la rivière, et je fus obligé de me fier à une personne qui la connaissait très-imparfaitement, ainsi que j'eus par la suite l'occasion de m'en convaincre. Nous nous approchâmes de la flotte, autant que mon compagnon osa le faire; mais il fut trompé sur la distance, ainsi que je le fus moi-même. Nous mîmes nos barils à l'eau, espérant que la marée les porterait sur la flotte ennemie; et si nous n'avions été alors qu'à une soixantaine de yards (28 mètres environ), comme nous le pensions, je suis persuadé qu'ils seraient arrivés dessus presque instantanément. Mais je reconnus ensuite qu'ils avaient été abandonnés au courant beaucoup trop tôt: ils furent retenus quelque temps par des glaces, et lorsqu'ils s'approchèrent de la flotte le jour commençait à paraître; ils étaient éloignés les uns des autres et dans une situation tout à fait désavantageuse. Un d'eux cependant fit sauter un canot et les personnes qui étaient dedans. L'alarme se mit parmi les Anglais, et cette entreprise reçut le nom de *bataille des barils.* »

En 1797, Reveroni, officier français, fit imprimer la description de quelques mines flottantes. Il proposa aussi de défoncer la carène des vaisseaux avec une caronade placée verticalement sous l'eau et surmontée par un levier qui eût fait partir le coup en étant heurté par un corps solide. Ses plans ne furent pas exécutés. Fulton d'ailleurs occupait l'attention des Parisiens avec des expériences faites sur la Seine dans le même but. Comme Bushnell, Fulton était animé d'une haine vigoureuse pour les Anglais, bien qu'il leur ait offert ses services. « The liberty of the seas will be the happiness of the earth! » répétait-il souvent. Aussi, las de la guerre, entre la France et l'Angleterre, mit-il à la disposition du gouvernement français l'invention de Bushnell, qu'il avait perfectionnée ; mais le Directoire ne l'accueillit point. Ces engins, qu'il avait nommés *torpedoes* (torpilles) en souvenir de ces singuliers poissons doués d'un appareil électrique qui leur permet de frapper leurs ennemis, ses engins, disons-nous, étaient de plusieurs espèces. Les premiers, ou torpilles de fond, consistaient en une boîte de cuivre capable de contenir une centaine de livres de poudre. Cette boîte était armée d'une platine de fusil qui pouvait faire feu à un moment déterminé. Ces torpilles devaient être ancrées dans les passes. D'autres étaient flottantes ; Fulton les nommait torpilles à ligne d'accouplement. Enfin, il en avait confectionné d'autres encore qu'il destinaît à être attachées au navire même à l'aide d'un harpon lancé par une arme à feu.

Cependant ses démarches avaient excité l'attention de quelques savants. Régnier, conservateur du Musée d'artillerie, avait composé, en 1799, d'après l'invitation du ministre de la marine, un pétard flottant qui offrait un perfectionnement. C'était un baril solidement cerclé en fer et contenant 200 livres de poudre. L'intérieur de ce baril avait une case particulière dans laquelle était renfermé un fort pistolet d'arçon chargé à poudre. Deux fils métalliques traversant des boîtes de cuir permettaient de mettre à volonté le pistolet au repos ou au bandé, quoique la torpille fût plongée dans l'eau. Au-dessus du baril étaient établis deux leviers à bascule auxquels étaient attachés des fils de détente en laiton, et, en touchant un des points de la longueur des deux leviers, le pistolet partait. Différents essais faits en mer prouvèrent qu'un vaisseau ne pourrait rencontrer ces leviers sans être détruit soudainement (1).

De leur côté, les Anglais ne perdaient point les torpilles de vue. On se souvient vraisemblablement de leurs tentatives d'incendie contre la flottille de Boulogne. Dans la nuit du 4 au 5 octobre 1804 ils dirigèrent contre elle des brûlots ordinaires et des pé-

(1) Des fragments de ce modèle de torpilles existent encore au Musée d'artillerie.

tards flottants nommés *catimarans*. Ces derniers étaient de petits radeaux presque entièrement cachés sous l'eau, au centre desquels se trouvait une caisse de poudre. Leur explosion était déterminée par un ressort d'horlogerie faisant agir une forte batterie de fusil, à l'expiration d'un espace de temps réglé d'avance. Le désordre et l'inquiétude furent assez considérables parmi nos bâtiments, mais les pertes réelles se réduisirent à peu de chose.

Sur ces entrefaites, Fulton, dégoûté de la France, était passé en Angleterre et là avait offert ses torpilles au gouvernement britannique. Celui-ci reçut d'abord l'Américain comme l'avait accueilli le gouvernement français. Mais Fulton était obstiné; bien qu'il eût échoué une fois déjà en essayant ses torpilles à ligne d'accouplement sur notre flottille de Boulogne (octobre 1805), il obtint de faire devant les ministres et les lords de l'Amirauté l'essai de sa torpille, qui renfermait 180 livres de poudre : « Il la dirigea contre un brick (*la Dorothée*) tirant 12 pieds d'eau, dit Paixhans; la marée la porta sous le bâtiment, qui, au bout de dix-huit minutes, fut soulevé tout entier par l'explosion, ouvert, fracassé, dispersé en débris: les mâts eux-mêmes avaient été brisés. » Plus tard, en 1807, il répéta cette expérience aux États-Unis, mais sans beaucoup de succès : ses torpilles ne prirent pas feu dans le premier essai; dans le second, la seule torpille chargée de poudre fit explosion à 50 mètres du navire et ne lui causa aucun dommage ; enfin, dans un troisième essai, le navire sauta.

Il ne nous paraît pas utile de nous étendre plus longuement sur les engins de Fulton. Leur principal mérite est d'avoir mis en relief, et d'une manière indiscutable, tout le parti qu'on en pouvait tirer pour la défense des ports (1). Cet avantage est grand, et l'on ne saurait être surpris qu'en dépit de l'inutilité des premiers efforts, bien des esprits se soient tournés vers l'amélioration d'une arme aujourd'hui acquise à tous les arsenaux.

Le premier en date après Fulton est Parizot, officier d'artillerie, qui offrit au gouvernement un modèle de torpilles qui ne fut point accueilli ; puis c'est l'illustre Paixhans qui se présente dans la lice. « Frappé des avantages, dit-il, qu'on pourrait obtenir d'un agent qui produit à peu de frais des effets considérables, et l'occasion se présentant en 1811 de rendre devant l'île d'Aix, à des vaisseaux de ligne anglais, les fougasses qu'ils avaient lancées devant Boulogne à nos canonnières, je proposai de donner aux torpilles la forme d'un canot et de les mettre en mouvement par une espèce de fusée de grosse dimension. La direction continue du mouvement était conservée par une quille légère, prolongée très en

(1) Fulton a donné sa théorie des torpilles dans une *Tactique* spéciale publiée en 1810.

arrière du canot, et un mécanisme simple faisait enflammer la poudre en heurtant le bord ennemi. »

Trois essais eurent lieu. Dans le troisième, le canot parcourut 70 toises en ligne droite, avec une assez grande vitesse ; enfin, une quatrième épreuve allait être faite, lorsque Paixhans partit pour la Russie.

La paix, est-il besoin de le dire, est un mauvais professeur de guerre. L'histoire des navires cuirassés l'a démontré péremptoirement. Que d'espérances ne fondait-on pas sur l'armure dont on avait revêtu les anciens bâtiments en bois ! A entendre les constructeurs, ils étaient invulnérables. La bataille de Lissa, le bombardement du Callao et les engagements maritimes de la guerre d'Amérique ont démontré que, s'il était raisonnable de compter sur cette arme, on ne saurait encore la considérer comme la perfection même. Comme chez ceux-ci, c'est la guerre, la guerre seule, qui a fait faire aux torpilles les progrès qui les ont rendues si redoutables ; et, chose digne de remarque, c'est au peuple pacifique par excellence, à la nation américaine, que l'on doit les expériences qui les ont désormais rendues nécessaires.

Nous avons dit les résultats si marqués obtenus par Bushnell et Fulton. En 1814, à l'instigation de l'illustre ingénieur qui d'Angleterre était passé aux États-Unis, nous retrouvons ses compatriotes s'occupant de nouveau, et avec leur activité ordinaire, de cette intéressante question. Le Congrès n'attendit pas que les inventeurs vinssent à lui, il alla au-devant d'eux en votant, dans sa session d'hiver de cette même année, des récompenses aux particuliers « qui détruiraient des bâtiments de la flotte britannique sans recourir à l'emploi de navires armés. » Les torpilles, dont il avait été fréquemment parlé depuis la guerre, provoquèrent cette mesure. « Au mois de juin, dit Brackenridge, la goëlette *l'Aigle*, remplie de poudre et ayant par-dessus quelques barils de farine au milieu desquels on avait placé un ressort qui devait faire jouer la détente d'un pistolet au moment où on essayerait de décharger la cargaison, fut envoyée, comme en dérive, vers l'escadre qui bloquait New-London. Les bateaux de cette escadre s'en emparèrent ; mais, avant de la conduire le long du *Ramilies*, vaisseau amiral, les matelots voulurent distraire à leur profit quelques-uns des barils de farine dont elle paraissait chargée ; pendant qu'ils étaient ainsi occupés, la goëlette sauta et porta la destruction autour d'elle. »

Quelque temps après, nous retrouvons les Américains se servant d'une torpille contre *le Plantagenet*, vaisseau de 74. « Cette machine, coulée à 50 toises devant le vaisseau, dit le même historien, et entraînée par la marée, fit bientôt explosion ; elle lança une immense colonne d'eau qui retomba avec fracas sur le vaisseau et en même temps ouvrit un profond abîme dans lequel il paraissait devoir s'engouffrer. Toute la proue du *Plantagenet* fut endommagée, et son équipage, saisi de terreur, se hâta de l'abandonner. » Ces événements ne se produisirent pas sans faire réfléchir les Anglais, qui devinrent particulièrement circonspects lors du blocus de New-York, où ils savaient que Fulton faisait sa résidence.

La paix qui s'étendit sur les deux mondes avec la chute de l'Empire et la cessation des hostilités entre l'Angleterre et les États-Unis ne favorisèrent point les industries militaires. Fulton mort (1815), les torpilles tombèrent dans l'oubli, et elles y seraient encore enfouies sans la guerre d'Orient. Les Russes, voyant Cronstadt circonvenu de très-près par les flottes alliées, se souvinrent des services que ces instruments pourraient rendre et en semèrent leurs rivages menacés. Ceux-ci étaient de l'invention de M. le professeur Jacobi; ils consistaient en vases coniques creux, renversés et remplis de poudre. Profitant des découvertes scientifiques faites récemment, M. Jacobi avait relié quelques-unes de ses torpilles à la côte par des fils métalliques fixés à des batteries électriques. C'était le navire ennemi qui enflammait lui-même les autres. En abordant les torpilles, il brisait un tube contenant de l'acide sulfurique sur un mélange de chlorure de potasse et de sucre, et mettait ainsi le feu à la charge.

On se souvient peut-être que devant Sveaborg, dans une reconnaissance faite par les deux amiraux français et anglais, l'amiral Ch. Penaud et l'amiral Dundas, la canonnière française qui les portait heurta un de ces engins. L'explosion se fit, mais sans autre effet qu'une commotion semblable à celle qu'aurait éprouvée le navire en touchant sur un haut-fond. Ils étaient, on le voit, peu redoutables ; on assure, en outre, qu'ils étaient d'un maniement dangereux, qu'ils se rouillaient et finissaient par ne plus rien valoir. Les torpilles qui furent confectionnées en Autriche, à l'époque où Venise fut menacée d'une attaque par les Français, reposaient, dit-on, sur des principes meilleurs. C'est le baron von Ebner qui les avait imaginées. On vante beaucoup le plan de défense qu'il avait basé sur ces engins. Un système de fils électriques isolés, qui du rivage venaient aboutir à chaque appareil, les mettait sous le contrôle de l'opérateur. En plaçant ces machines, leurs positions étaient marquées sur un plan de port à échelle réduite au moyen d'une très-ingénieuse application de la chambre obscure.

Malheureusement pour la science, mais fort heureusement pour nos vaisseaux, un armistice entre la France et l'Autriche fut signé, et ces machines ne reçurent pas la sanction de l'expérience. Il fallut attendre la guerre qui désola la patrie de Bushnell et de Fulton pour voir les torpilles conquérir définitivement leur place dans l'art des luttes navales. Ici elles se retrouvaient dans leur patrie, et, comme Antée, elles y puisèrent en y revenant une puissance nouvelle.

On se tromperait singulièrement toutefois en supposant que les Américains fussent au courant des progrès que MM. Jacobi et Ebner avaient imprimés aux torpilles depuis Fulton. Ils les ignoraient absolument ; aussi leurs premières machines différèrent-elles peu de celles dont Bushnell et ses prédécesseurs avaient fourni l'idée à leur célèbre vulgarisateur, Fulton. Elles consistèrent d'abord en barils de poudre qu'on accouplait et qu'on laissait aller à la dérive, douze pieds sous l'eau, à la rencontre des bâtiments ennemis. Celles-ci n'ayant obtenu aucun succès, les Confédérés, qui ont été les premiers à s'occuper de ce genre de machines, en imaginèrent d'autres composées de barils de poudre dotés d'une petite hélice à quatre ailes. On supposait que, lorsqu'elles entreraient en contact avec le bâtiment vers lequel on les laissait dériver, l'hélice, subissant l'action du courant, tournerait, et, en évoluant, dévisserait certain boulon chargé de maintenir un marteau. Celui-ci, délivré, devait frapper un tube mis en contact avec une forte quantité de poudre et de fulminate. Ces torpilles, que l'ennemi repêchait très-facilement d'ailleurs, n'obtinrent pas de meilleurs résultats que leurs aînées. Les Confédérés songèrent alors à placer ces instruments sous l'eau (*stationary torpedoes*). Il y en eut de plusieurs espèces. Les premières furent fixées à l'extrémité d'*espars* mouillés dans le courant des fleuves ou sur leur lit même, à l'aide de pieux. On les appela pieux à canon (*stake guns*). Elles étaient disposées de façon à ce que le courant ne leur permît pas d'approcher de la surface de l'eau de plus de 3 pieds. La torpille même était une boîte de tôle, longue et arrondie à la tête, et remplie de poudre dont l'ignition s'effectuait à l'aide de détonateurs. Ces derniers consistaient en un petit mamelon de bronze renfermant de la poudre fine et entouré d'une feuille de cuivre très-légère et contenant du fulminate d'argent. Toutes ces matières, inflammables à des degrés différents, communiquaient entre elles. Le moindre contact d'un corps solide avec cette capsule produisait l'ignition du fulminate, qui mettait le feu à la poudre, laquelle faisait à son tour éclater la torpille. Deux canonnières fédérales en subirent les redoutables effets.

Concurremment avec les *stake guns*, les Confédérés employèrent des torpilles reposant sur un principe à peu près semblable. Elles se composaient de cinq bouteilles de verre contenant de la poudre et coiffées du terrible détonateur. On les mettait dans un panier et on les mouillait un peu au-dessous de la surface de l'eau. Si faibles qu'elles dussent être, ces torpilles n'en firent pas moins sauter trois canonnières fédérales sur le Cumberland et sur le Tennessee.

A mesure qu'on s'éloigna du début, on perfectionna ces engins, dont le plus grand inconvénient était de se détériorer dans l'eau. Un officier confédéré, nommé Singer, reconnut qu'une enveloppe épaisse, loin de nuire à la puissance de l'explosion, la favorisait au contraire dans des proportions très-sensibles. La torpille qu'il construisit d'après les enseignements de cette découverte fut faite en tôle de chaudière d'un quart de pouce d'épaisseur. Sa forme fut celle d'un cône renversé, avec un sommet presque hémisphérique, sous lequel on réserva une chambre à air qui permit à la machine de flotter. Elle était retenue au fond de l'eau par une chaîne et n'approchait de la surface que de 4 pieds, afin de ne point déceler sa présence par un remous. On y mettait jusqu'à 100 livres de poudre. Quatre bras s'échappaient de la machine, qui recélait un mécanisme que le moindre ébranlement faisait agir. Précisément à cause de cette sensibilité, ces torpedoes ne rendirent pas tous les services qu'il était permis de leur demander. Souvent le courant leur communiquait un mouvement de rotation qui enroulait tellemen la corde que celle-ci, se raccourcissant, entraînait la torpille sur le fond; d'autres fois il suffisait d'un morceau de bois s'en allant en dérive pour les faire éclater; enfin, on pouvait les repêcher avec assez de facilité. Nous ne saurions dire cependant qu'elles aient été employées sans succès. Même lorsqu'on se servit de torpilles s'enflammant par l'électricité, on se servit encore des torpilles Singer ; mais seulement lorsque les bords des rivières que l'on voulait défendre étaient trop marécageux, trop infestés de serpents ou de moustiques, trop pestilentiels, pour que l'on songeât à y établir à poste fixe les hommes chargés des batteries électriques.

Les torpilles enflammées par l'électricité ne diffèrent point, quant à la forme, des torpilles détonnantes. Elles étaient reliées par des fils de cuivre recouverts de caoutchouc à une batterie placée à terre. La station où étaient cachés cette machine et le mineur chargé de la faire agir consistait généralement en un trou creusé dans le sol, à l'abri des éclats, et, lorsqu'il se trouvait dans le voisinage de l'armée, protégé par l'artillerie. Les premières batteries électriques employées par les Confédérés valaient peu de chose. Mais l'illustre auteur de la *Géographie de la mer*, qui avait abandonné la direction de l'Observatoire de Washington pour se joindre aux Confédérés, le commandant Maury, ayant été envoyé en Europe, fit parvenir à ses amis politiques, avec ses observations sur les systèmes Jacobi et Ebner, des machines perfectionnées.

Ces torpilles étaient plus ou moins vastes, suivant que l'on voulait y placer une plus ou moins grande quantité de poudre, selon la profondeur de l'eau, la dureté du fond et la structure des bâtiments auxquels elles étaient destinées. Pour frapper des navires à une certaine distance de la sphère d'action directe de la torpille, on lui donnait une charge qui allait parfois jusqu'à 5,000 livres. L'exemple fourni par la canonnière fédérale *Commodore Barney* confirme l'excellence de cette théorie. Ce bâtiment, commandé par le lieutenant Cushing (le héros de l'*Albemarle*), remontait la rivière James en août 1863. Arrivé près du lac Lox, une torpille chargée de 1,750 livres de poudre fit explosion dans une profondeur d'eau de 16 mètres, à 45 yards de l'avant du navire. Une immense colonne d'eau jaillit aussitôt; le navire filait alors avec une vitesse de 9 nœuds environ; il pénétra dans la colonne, qui, en s'affaissant, retomba tout entière sur le pont. Si énorme que fût cette masse, elle n'écrasa pas le bâtiment, mais chavira les canons, emporta les affûts et tout ce qui n'était pas attaché; elle dépouilla aussi le mât de tout son gréement; enfin elle délia et tordit si bien la charpente de la canonnière, que c'est avec la plus grande peine qu'on put la maintenir à flot.

Quand les Fédéraux eurent reconnu que les torpedoes étaient devenues un des éléments réguliers de la tactique de leurs adversaires, ils cherchèrent naturellement à parer aux dangers qui menaçaient sans cesse leurs bâtiments. Pour les garantir des torpilles dérivantes qui venaient les chercher jusqu'à leurs mouillages, ils suspendaient des filets autour du navire ou établissaient des bouts-dehors dans l'eau. Contre celles qui étaient placées un peu au-dessous de la surface, ils fixaient sur les joues du navire de petits espars qui empêchaient les machines d'aborder et les forçaient d'éclater en dehors du cercle où elles auraient pu causer des avaries. En marche, si l'on soupçonnait que le cours d'eau sur lequel on naviguait fût miné, des canots étaient envoyés en avant pour draguer. On repêchait alors les torpilles avec une sorte d'escope faite d'un bout d'embarcation. Les marins fédéraux devinrent même si habiles à cet exercice, qu'ils en vinrent bientôt à ne plus regarder comme dangereuses les torpilles flottantes. Mais ce mépris ne s'étendait point aux grandes mines de fond. Quand il était avéré qu'une rivière était bien minée, ils n'avançaient qu'en prenant les plus grandes précautions, draguant le fond et fouillant les rives. Dans le cas où il n'y avait ni batteries ni troupes pour s'y opposer, on envoyait à l'avant du navire des embarcations avec des grappins à l'arrière, qui étaient suivis par les canonnières, chacune avec deux grands grappins. Si celles-ci déclaraient la place nette, les bâtiments blindés s'engageaient dans le canal, montrant le chemin aux bateaux de bois. Pendant cette évolution, des compagnies de marins étaient envoyées à terre, où, déployées en tirailleurs, elles avançaient avec les embarcations, examinant chaque buisson, chaque ouverture de terrain, passant leurs baïonnettes au travers et faisant feu sur tout ce qui leur offrait l'apparence d'une station électrique.

Les Confédérés, de leur côté, pour rendre les recherches aussi difficiles et pénibles que possible, employaient toutes sortes de ruses, telles que la construction de fausses stations et l'établissement de faux fils conducteurs. Ceux-ci étaient enfouis profondément dans le sol et conduits à travers les racines des arbres. Le terrain était coupé en différents endroits; on y creusait des tranchées profondes, qu'on remplissait ensuite, afin de leur donner l'apparence de fossés à fils conducteurs. Les récipients étaient toujours coulés avec le plus grand mystère; leur position n'était connue que des quelques hommes de l'état-major. D'autres fois on faisait ouvertement les préparatifs. Les mines posées ainsi publiquement étaient généralement des torpilles vides, des mines muettes, *dummies*, ou bien de véritables torpedoes destinées à être levées la nuit et mises dans leur vraie position. Le stratagème réussissait généralement, car il se trouvait toujours là quelque traître qui révélait à l'ennemi ce dont on l'avait à dessein rendu spectateur. Avec ces stratagèmes, les Confédérés employaient aussi les fausses informations, et M. Harding Steward cite un exemple du succès qu'on en obtenait (1). « Dans

(1) *Mechanic Magazine*, 1867.

certaine occasion, dit-il, les Fédéraux étant sur le point d'envoyer un canot parlementaire dans le haut de la rivière James, le capitaine Davidson donna à l'officier qui le commandait, et qui se trouvait être un ancien camarade, un avis mystérieux sur le passage du col de Curl, quelque chose dans le style de lord Monteagle; celui-ci ne manqua point d'avertir l'amiral Lee, dont l'escadre perdit cinq jours à draguer avec soin le point de la rivière indiqué, sans parvenir à trouver rien de dangereux. »

Dans cette terrible guerre de la sécession, l'effet des torpilles, on le voit, n'a pas été seulement de détruire le matériel de l'ennemi; il arrêta souvent sa marche, en s'opposant à ses incursions dans les rivières. Nous avons cité l'exemple du passage du col de Curl; l'expédition du capitaine Bryan sur la Saint-John ne saurait non plus être passée sous silence.

Les Confédérés, voulant couper les communications que les Fédéraux avaient établies entre leurs forces placées à l'embouchure de la rivière Saint-John et celles de l'intérieur, chargèrent de ce soin le commandant Bryan, du corps des torpilleurs. Celui-ci prit avec lui un petit détachement de mineurs et quelques torpilles Singer. Il examina d'abord la rivière, qu'il trouva très-large, mais en beaucoup d'endroits peu profonde. Ayant fixé son attention sur la route que prenaient les navires fédéraux, il reconnut qu'ils suivaient un chenal dont il fit le relèvement à l'aide de perches placées à terre. Puis, une nuit, il alla poser sur le passage une série de torpilles qu'il supposait devoir être touchées. Il ne se trompait point. Quelques jours après cette opération, trois grands transports furent détruits. Les Fédéraux comprirent dès lors que la rivière n'était plus praticable et éloignèrent leurs troupes.

L'affaire du Roanoke ne fut pas moins décisive. Voulant briser la ligne de fer qui reliait Richmond à Wilmington, centre d'approvisionnement de l'armée du général Lee, Grant envoya neuf canonnières sur la rivière afin de brûler les ponts de Weldon, à l'endroit où le chemin de fer la croise. Quoique munis de dragues et de râteaux, trois de ces bâtiments furent atteints et sautèrent; les quatre autres furent si sérieusement endommagés qu'ils devinrent dès lors inutiles. Cet échec arrêta l'expédition, et les ponts furent sauvés. Cet événement eut lieu en décembre 1864. Au commencement de cette même année (avril), le général Butler débarqua à Bermuda-Hundred, dans le nord-est de Petersburgh. Son intention était de se porter de là sur Richmond, ayant sa droite couverte par la flotte de l'amiral Lee, stationnée sur la James River.

L'amiral, soupçonnant la présence des torpilles dans le fleuve, ordonna de le draguer et d'en examiner les rives. Ce dernier ordre était d'une exécution facile, car l'armée rebelle s'était retirée à Richmond à la suite de la bataille de Wilderness. Le draguage ne permettait pas à l'escadre de s'avancer chaque jour de plus d'un mille, et c'est seulement le 6 mai qu'elle arriva au coude qui se trouve au-dessus de *Gurl's-Neck*. L'amiral avait été informé par le rapport des nègres que les Confédérés y avaient placé deux torpilles, avec des postes d'observation sur la rive gauche. Mais le capitaine Davidson avait prévu la délation, et pendant la nuit il avait transporté fils et batterie sur la rive opposée. Celle-ci était basse, marécageuse et couverte de roseaux. Des fosses y furent creusées, et, malgré l'eau qui les remplissait à moitié, les mineurs s'y placèrent. Les torpilles se trouvaient dans le chenal des grands navires, lequel n'a pas plus de 140 mètres de largeur. Chacune d'elles était chargée de 1,750 livres de poudre et reposait sur 6 pieds d'eau. L'amiral, s'étant approché jusqu'à 300 mètres du coude, fit mouiller l'escadre et ordonna le draguage. La canonnière *Commodore-John* (800 tonneaux) reçut l'ordre d'aller en reconnaissance. Elle passa entre les torpilles, s'avança dans le coude et revint sans avoir remarqué rien de suspect. De leur côté, les soldats chargés d'explorer la rive gauche avaient trouvé vide le poste d'observation, où l'on avait abandonné en désordre une batterie hors de service, des fils, dès armes et des vêtements, le tout destiné à laisser croire à l'ennemi que tous les mineurs étaient partis. L'amiral renvoya une seconde fois la canonnière dans le coude, puis, se ravisant, lui fit le signal du retour, et en même temps donna, à l'aide de son porte-voix, l'ordre aux canots de draguer en avant. Le capitaine Davidson, qui ne perdait aucun des mouvements de l'escadre, caché qu'il était à une certaine distance de son mineur, comprit que les canots seraient vraisemblablement plus heureux que la canonnière, et comme il ne voulait pas avoir perdu son temps, il donna le signal convenu et le mineur enflamma la torpille.

« L'explosion ayant eu lieu, raconte M. Harding Steward, la canonnière se souleva et parut se tordre. Ce mouvement fut immédiatement suivi de l'explosion des chaudières, qui fit tout sauter. Cette explosion offrit un effrayant spectacle; l'air semblait rempli de corps brûlés, car tout l'équipage sauta avec le bâtiment. Il y avait à bord cent cinquante hommes. Puis un grand silence se fit, troublé seulement par les corps et les débris qui retombaient dans l'eau. A bord de la flotte fédérale, pas un bruit. Quand ses équipages eurent retrouvé leurs esprits, ce fut pour quitter à la hâte cette scène de désastre. Tous les navires s'engagèrent dans l'étroit chenal et descendirent le fleuve. Mais ce mouvement ne dura point. Remise de son épouvante, l'escadre revint sur ses pas, se porta hardiment sur le lieu du sinistre et rechercha les hommes qui avaient échappé à la catastrophe. Des soldats furent débarqués et firent perquisition sur la rive droite. Deux mineurs furent découverts; les soldats en tuèrent un et firent l'autre prisonnier. C'était un robuste fermier des environs. Lorsque dans sa prison on lui demanda comment il avait pu demeurer si longtemps caché, il avoua « qu'il désirait ardemment faire sauter le navire amiral. »

Le temps perdu par la flotte fédérale en cette circonstance eut pour effet de faire échouer l'attaque des retranchements de Drurey-Bluff par Butler et de fournir au général Lee le moyen de renforcer la garnison de Richmond, celle-ci ayant été réduite à quelques centaines d'hommes de milice. Et c'est ce que voulait éviter Grant, dont le succès eût été certain sans l'événement de Curl's-Neck. Les torpilles sauvèrent donc la capitale des Confédérés. Elles ne contribuèrent pas moins à défendre le fort Fisher. Quand cet ouvrage fut menacé de bombardement, les Confédérés avaient semé la rivière du cap Fear de torpilles électriques et de torpilles muettes. Ces précautions, jointes aux changements des bancs, qui rendaient le chenal méconnaissable pour les Fédéraux, empêcha leurs navires cuirassés de remonter au delà du fort. A la rigueur, l'amiral Porter eût pu lever la seconde des difficultés en n'employant que des navires d'un faible tirant d'eau et prendre les batteries à revers; l'existence des torpilles dans la rivière s'y opposa, et l'amiral fut obligé d'attaquer le fort dans une position très-désavantageuse, c'est-à-dire en mouillant vis-à-vis de la partie la plus solide de l'ouvrage, dans un endroit où il avait à subir l'influence du roulis de l'Atlantique.

A Charleston, les Confédérés avaient coulé des torpilles dans diverses parties du port. C'étaient généralement des torpilles détonantes d'une qualité très-inférieure; il y avait aussi plusieurs *dummies*; les unes et les autres eurent le même effet qu'au fort Fisher; elles paralysèrent les intentions de la flotte fédérale, qui, malgré ses murailles de fer, n'essaya pas de pénétrer en deçà des batteries. Elle fut moins prudente dans l'attaque du fort Espagnol, à Mobile, au mois d'avril 1865, et paya cher sa témérité. Les canonnières ***Milwankee, Osage, Laura, Yda, Yberville, Blossom, Rover, Scotia*** et le ***Numéro*** 48, furent détruites par des torpilles établies aux approches de cet ouvrage; ce qui n'empêcha point les Fédéraux de franchir la ligne défendue par les torpilles et de prendre le fort, démontrant ainsi à leurs ennemis la nécessité d'avoir une seconde ou même une troisième ligne de torpilles, puisque un assaillant déterminé peut, en sacrifiant quelques navires, traverser une ligne simple.

Indépendamment des engins que nous venons de décrire, les Américains en employèrent d'autres qui, ceux-ci, n'étaient point destinés à être abandonnés sous l'eau. C'étaient de petites mines fixées à l'extrémité d'espars attachés à des embarcations quelconques, pourvues d'une petite machine à vapeur et qui allaient trouver l'ennemi au mouillage. Au-dessus de la machine était adaptée une chambre semblable à celle que, dans les gondoles, on nomme *caponera*, cuirassée sur une certaine étendue. A l'avant, un pavois courbe, à l'épreuve du boulet, avec bords antérieurs échancrés, permettait de diriger le canot et d'observer les environs. Ce bouclier abritait également le gouvernail. L'espar était en pin, long de 20 pieds et d'une force calculée sur la résistance qu'il devait rencontrer. Un mécanisme très-simple permettait de manœuvrer cette lance d'un nouveau genre, à l'extrémité de laquelle était la redoutable torpille. Celle-ci consistait en un vase de cuivre, ayant la forme d'une bouteille de champagne, rempli d'une poudre puissante et dont le ventre était pourvu de cinq détonateurs. Le mécanisme qui faisait mouvoir la lance permettait de l'incliner sous l'eau dans la mesure nécessaire pour frapper le navire sur le point que l'on supposait le plus vulnérable.

Le premier essai de ce genre de bateau eut lieu dans la nuit du 9 avril 1864 contre le *Minnesota*, navire amiral fédéral, mouillé à Hampton-Roads, devant Newport-News. Le canot employé dans cette affaire se nommait le *Squib* et avait été confié au célèbre capitaine Davidson. Aidé du mécanicien du *Richmond* et d'un autre homme, celui-ci descendit la rivière dans le *Squib* et s'approcha d'abord de l'*Atalanta*; mais ce bâtiment étant trop près du rivage et environné d'embarcations, les torpilleurs se dirigèrent sur le bâtiment le plus voisin, qui se trouvait être le *Roanoke*. Malheureusement celui-ci n'était guère plus accessible que le premier, occupé qu'il était à faire son charbon, et par conséquent presque entièrement entouré de chalands.

Le *Squib* fut hêlé; le capitaine Davidson répondit qu'il venait du fort Monroë et qu'il apportait des dépêches pour l'amiral; on lui répondit en lui indiquant bénévolement le lieu où était mouillé le navire de cet officier. La lune brillait au ciel, qu'obscurcissaient cependant quelques nuages, ce qui ne permettait pas au *Squib* de se diriger aussi bien qu'il l'eût désiré. Avant d'atteindre le *Minnesota*, le capitaine Dadvison fut donc hêlé plus d'une fois par les navires près desquels il dut passer. Il leur fit la réponse qu'il avait déjà faite au *Roanoke* et continua sa course; mais en approchant du *Minnesota* les interpellations furent plus pressantes, et ordre lui fut donné de délivrer ses dépêches au *Tender*, qui était en arrière du vaisseau-amiral. Davidson comprit que le moment était venu d'agir. Lançant donc son canot, il contourna le navire de façon à l'atteindre sur tribord.

L'officier de quart, croyant à une faute de manœuvre, réprimanda le commandant du canot sur sa gaucherie; mais celui-ci ne tenant aucun compte de la remarque, l'officier comprit enfin le péril qui le menaçait et donna aussitôt le signal d'alarme. « C'est le canot-torpille *Squib* des confédérés, » lui cria Davidson. Au même moment, le *Squib* frappait le *Minnesota* à 8 pieds au-dessous de sa ligne d'eau, tout près de l'hélice, à l'endroit où la coque est le plus forte. « Le choc fut si violent, rapporte M. Steward, que l'arbre de l'hélice fut projeté hors du centre, quatorze canons de la batterie furent démontés, et quelques matelots furent jetés hors de leurs hamacs. »

Au même moment, la cause de ce désastre, le *Squib*, était fort embarrassé : le choc ayant fait sortir de leurs paliers les tourillons de son unique cylindre, il se trouvait dans l'impossibilité de s'éloigner. Quelques matelots et quelques « marines » du navire fédéral, revenus de leur surprise, lui tirèrent plusieurs coups de carabines et aussi quelques coups de canons de bordée; mais le *Squib* était trop près de la frégate pour être atteint. Enfin son mécanicien, qui avait conservé toute sa présence d'esprit, ayant remis les tourillons à leur place, la machine reprit son mouvement et le canot s'éloigna. Favorisé par l'obscurité, le capitaine Davidson rentra dans la rivière sous une pluie de projectiles dont aucun ne le toucha, quoique les tireurs fussent guidés par les flammes de sa cheminée. Le *Minnesota* ne coula pas. Davidson attribua cet échec aux ingrédients qui composaient sa torpille. Le dommage causé n'en fût pas moins considérable, car les coutures des bordages étaient tellement ouvertes sur la partie frappée, que les pompes ordinaires furent impuissantes à étancher l'eau du navire, et ce ne fut qu'à l'aide de deux grandes pompes, envoyées à bord peu de temps après l'événement, qu'on put l'empêcher de couler avant d'entrer au bassin.

Les Confédérés ne furent pas seuls à faire usage des canots-torpilles. M. Wood, professeur de machines à vapeur et de torpilles à l'École navale d'Annapolis, inventa un bout-dehors et un obus-torpille d'une espèce particulière; son système fut même appliqué pendant la guerre à quelques canots d'avant-poste. Ce bout-dehors diffère de l'espar des Confédérés en ce qu'il est creux; il contient intérieurement un plus petit bout-dehors ou tige. Le tout est avancé ou abaissé au moyen d'un mécanisme. C'est avec un bateau de ce genre que le lieutenant Cushing, de la marine fédérale, entreprit l'expédition qui l'a rendu célèbre.

C'était en 1864. Les navires fédéraux étaient sur le Roanoke, devant Plymouth. Deux fois l'*Albemarle,* monitor confédéré, avait paru au milieu d'eux, et chaque fois leur avait fait subir des pertes sensibles. Las de le combattre sans résultats avantageux, dit le secrétaire de la marine dans son *Report* de 1864, le commandant des forces navales « dut se préoccuper d'en avoir raison par moyens autres que les moyens ordinaires, et choisit dans cette intention le lieutenant W. B. Cushing. On mit à sa disposition un des canots destinés au service d'avant-garde, sur lequel on plaça une torpille d'une puissance extraordinaire inventée par l'ingénieur en chef W. Wood, et installée d'après les plans et sur les soins du contre-amiral Gregory. Le lieutenant Cushing reçut ordre de faire ses préparatifs, et l'exécution suivit de près, aussi brillante que rapide. Avec quatorze officiers et matelots qui s'offrirent pour le seconder, il remonta le Roanoke jusqu'à Plymouth dans la nuit du 27 octobre, attaqua le bélier amarré à quai, défendu par son équipage et par un détachement de soldats postés à terre, et le coula. »

Le lieutenant Cushing revint seul avec un de ses hommes, ajoute le *Report*; tout le reste fut tué. Mais le succès de cette audacieuse entreprise faisait tomber la plus solide défense de Plymouth. Le commodore Macomb se hâta d'en profiter pour porter devant la ville la force navale sous ses ordres. Après avoir délogé les tireurs ennemis de leurs postes avancés et fait évacuer les batteries, il prenait possession du fort rebelle le 31 octobre, relevant ainsi le drapeau de l'Union dans les golfes et détroits de la Caroline du Nord.

« Qui se sert de l'épée périt par l'épée, » dit l'Évangile. Cette vérité s'est vérifiée une fois de plus à propos du yacht qui porta le lieutenant Cushing jusqu'au quai de Plymouth. Cette embarcation, qui, en souvenir de la glorieuse expédition qu'elle facilita, avait reçu le nom du monitor détruit, a sauté, en 1867, sur la Severn.

On doit aux Fédéraux un autre modèle de bateau-torpille. Ce bâtiment, qu'ils appelèrent d'abord *le Stromboli*, se nomme aujourd'hui *le Spuyten-Duyvil*. Il a 74 pieds de long et un tonnage de 130 tonneaux. Il est muni de compartiments où l'on peut introduire l'eau jusqu'à le couler à hauteur de la ligne du pont. Ce pont, qui dans ce cas est la seule partie qui émerge, est doublé de plaques de fer. Au milieu se trouve la guérite du pilote, également cuirassée. Cette guérite et la cheminée de la machine sont les seules parties du navire exposées. Le système des torpilles adopté pour ce type de bateaux est celui dont M. Wood est l'inventeur; il est manœuvré de l'intérieur du bâtiment, à travers un compartiment placé dans les joues, et séparé de l'extérieur par une cloison qui s'abaisse. Cet arrangement met le tout à l'abri et donne une complète sécurité à la manœuvre. Les machines sont construites de manière à ne faire aucun bruit, et, si l'on ajoute cette qualité à celle que constitue le peu d'apparence du navire sur l'eau, on comprendra qu'il soit une arme aussi sûre que redoutable. Toutefois, les Fédéraux n'en ont point fait usage, l'occasion ne s'étant point présentée.

Le rôle des Fédéraux, dans cette gigantesque lutte, ayant été plutôt agressif que défensif, on comprend qu'ils aient eu moins souvent besoin de torpilles que ceux qu'ils combattaient. Leurs expériences furent d'ailleurs plus lentes que celles de leurs rivaux, qui atteignirent le résultat, sinon du premier coup, au moins très-rapidement. Ce fut d'abord sur les fusées décrites par Désaguliers que les Fédéraux concentrèrent toute leur attention ; ils dépensèrent pour tirer parti de cet engin capricieux beaucoup de temps et d'argent, sans parvenir à le rendre maniable. Ils durent alors adopter le système des rebelles ; mais déjà la flotte de ces derniers n'existait plus. Les navires qui avaient survécu à la destruction étaient confinés dans les ports et les rivières du Sud, ou dispersés sur l'Océan. Vers la fin de la guerre, les Fédéraux construisirent quelques béliers à torpilles et minèrent leurs approches sur la James-River, près de leurs batteries. Ils coulèrent aussi dans le lit de la rivière quelques-uns des récipients qu'ils y avaient capturés. Mais, quand la flotte de Brook descendit la James, ces mines furent manœuvrées en vain contre les navires confédérés. Ce qui prouve qu'à cette époque les Fédéraux n'avaient pas comme leurs ennemis un corps de torpilleurs convenablement organisé. Par la suite, en février 1865, c'est-à-dire à la fin de la guerre, on fit venir de New-York quelques électriciens habiles, qui ne nous paraissent avoir été occupés qu'à des expériences, et, après la reddition de Lee, à faire sauter les obstructions placées par les Confédérés dans leurs rivières et dans leurs ports. Depuis le rétablissement de la paix, les Américains ont mis à profit les enseignements de la lutte. Ils ont armé plusieurs grands navires disposés en vue de l'emploi des torpilles et plusieurs petits béliers (*picket-boats*), dont M. Dislère, ingénieur de nos constructions navales, a donné la description dans la *Revue maritime* (1). M. Steward nous apprend en outre que le département de la marine américaine continue des expériences qui permettent de déterminer les lois des mines sous-marines et de les réduire en système. Un cours de torpilles a été créé à l'école navale d'Annapolis.

Le même sujet occupe en Europe l'esprit des marins. Ce qui paraît surtout préoccuper, c'est la recherche du plus puissant agent explosible. De tous ceux dont on se sert : poudre à canon, coton-poudre, nitro-glycérine, etc., quel est le meilleur? C'est ce qu'il serait téméraire de dire aujourd'hui, car les expériences sont naturellement tenues secrètes. Le même mystère entoure l'étude des moyens les plus sûrs et les plus pratiques d'enflammer les torpilles. En France, cette étude, confiée à plusieurs commis-

(1) Une feuille de Toulon assure qu'une canonnière de ce genre, exécutée sur les plans de M. l'amiral de Chabannes aurait été expérimentée avec un succès complet dans ce port.

sions d'officiers distingués, a déjà donné, paraît-il, d'importants résultats. Le 3 décembre 1867, on a fait sauter, à Brest, un vieux trois-ponts, *le Wagram*, qui, bien que placé à douze mètres des torpilles, a été complétement brisé. Un résultat analogue a été obtenu le 21 janvier sur la corvette à roues *le Fulton*. Il s'agissait, cette fois, de s'assurer de l'effet d'une torpille contenant deux mille kilogrammes de poudre et placée, sous le navire, à quarante mètres de profondeur. La corvette a été immédiatement coulée.

Pour donner une sécurité plus grande à l'emploi des torpilles enflammées par l'électricité, M. Holmes, « *an electrical engineer* » Anglais, propose un ingénieux instrument exécuté en collaboration avec Maury. Il se compose d'un télescope reposant sur un cercle gradué. Il est placé à terre, loin de toute atteinte hostile, et relié aux torpilles par deux fils. Lorsque le bâtiment ennemi passe dans le champ indiqué par la lunette, l'observateur n'a qu'à presser un bouton et le courant électrique enflamme sur-le-champ la torpille.

IV.

CANONS SOUS-MARINS.

Les torpilles seront-elles les dernières machines avec lesquelles les hommes chercheront à porter la mort sous l'eau après y avoir établi le combat? Il est permis d'en douter. On peut affirmer, au contraire, qu'ils saisiront toutes les occasions que leur fournira la science de perfectionner cette tactique nouvelle. Nous lisions, il y a quelques années, dans l'*Art naval*, de M. le vice-amiral Pâris, que le capitaine anglais Philipps Coles avait pris en 1863 un brevet d'invention pour un appareil permettant de tirer le canon sous l'eau.

A l'Exposition universelle de 1867, nous avons remarqué aussi plusieurs modèles de canons sous-marins dus à l'invention de M. Furcy (Français), de M. Duffi (Américain) et de M. Burley (Anglais), qui ne faisaient que reprendre, sans s'en douter peut-être, une idée déjà ancienne.

Lorsqu'en 1813, à l'instigation et sur les plans de Fulton, les Américains construisirent l'ancêtre des bâtiments cuirassés, le *Demologos*, le programme portait qu'il devait être armé de canons sous-marins, également de l'invention de Fulton. Des expériences avaient été faites dans ce but à New-York, et ces pièces nouvelles avaient défoncé des murailles de chêne très-épaisses. Ces essais ayant paru concluants, un fondeur renommé, le général Masson, avait établi dans son usine, située dans le district de Colombia, un atelier spécialement affecté à la fonte des canons sous-marins, auxquels on donna le nom de *colombiades*, par allusion aux *caronades* (1) des Anglais.

L'ingénieux Fulton ne s'en tint pas à cet élément nouveau de destruction; et, puisque nous passons en revue la série des engins destinés à agir sous l'eau, nous citerons encore son *cable-cutter* ou *coupe-câble*, dont le nom indique suffisamment l'usage. Dans une expérience faite en plein jour de cette machine, qui était un peu trop compliquée peut-être, Fulton ne réussit pas d'abord à bien placer son *cable-cutter*. Cependant, après divers essais, il parvint à couper, à plusieurs pieds sous l'eau, un câble de quatorze pouces de circonférence. Il s'excusa de n'avoir pas réussi du premier coup, en raison de son peu de pratique et de la maladresse des hommes qui le secondaient.

(1) Les caronades sont des bouches à feu, courtes et en général d'un grand calibre, dont la marine anglaise commença à faire usage vers 1774. On les fabriquait dans une fonderie appartenant à une compagnie qui avait emprunté son nom à la Caron ou Carron, petite rivière sur les bords de laquelle l'usine était établie.

Concurremment avec les inventions que nous venons de nommer, les ingénieurs des amirautés anglaise et française se sont mis à l'œuvre. Un document officiel présenté au Parlement nous apprend que de très-sérieuses expériences de tir sous-marin ont eu lieu, à Portsmouth, de 1862 à 1864, avec un certain succès. Un canon de 110 livres, du calibre de 18 cent., submergé à $1^{m}.83$, fut placé à la distance de $7^{m}.62$. La bouche du canon était fermée au moyen d'une peau de tambour et de toile à voile. Dans une première expérience, le projectile massif, lancé à la charge de $6^{k}.350$, traversa la cible composée de pilots de bois de chêne de 34 cent. D'autres essais, tentés sur des coussins de chêne et de tôle, ont donné des résultats analogues. Enfin, dans une dernière expérience, un projectile lancé par $5^{k}.350$ de poudre contre une cible de fer de $7^{c}.62$ d'épaisseur, a brisé cette plaque.

En France, inventions et inventeurs ont été moins heureux. Deux systèmes de canons sous-marins, présentés au Comité d'artillerie de Gâvre et expérimentés sous ses yeux, n'ont pas donné de résultats assez positifs pour permettre à ce comité de les approuver. D'autres essais ont lieu en ce moment, suivant un programme et des plans nouveaux.

Il n'est pas douteux qu'on obtienne ici le succès constaté à Portsmouth ; mais, cette victoire remportée, pourra-t-on jamais compter sur une bonne direction de la trajectoire dans un milieu tel que l'eau, c'est-à-dire 855 fois plus dense que l'air? Les pertes de vitesse éprouvées par les projectiles, en traversant un matelas liquide de plusieurs mètres, permettront-elles à ceux-ci de percer la carène épaisse des grands bâtiments cuirassés? Les larges ouvertures placées à 2 mètres environ de la ligne de flottaison, pratiquées pour le passage de la bouche des pièces, resteront-elles suffisamment étanches, surtout lors de l'ébranlement que leur imprimera la décharge? Tels sont les problèmes qui restent encore à élucider. Ce ne sont pas les moins importants, et en face des difficultés qu'ils offrent, quelques-uns se demandent s'ils valent l'effort nécessaire à leur solution. Ce n'est, disent-ils, que dans de très-rares occasions que l'on pourra faire usage de l'artillerie sous-marine, quand deux navires se trouveront fortuitement accrochés l'un à l'autre. Ces occasions, leur répondrons-nous, sont appelées au contraire à devenir très-fréquentes. Depuis l'adoption de l'éperon, les combats d'abordage, jadis très-évités, sont devenus la règle générale; le rôle du tir sous-marin est donc appelé à un avenir considérable.

Les éléments d'exécution dont dispose aujourd'hui la science nous permettent de supposer qu'on perfectionnera le canon sous-marin comme le reste. Il faut l'espérer du moins. Il faut espérer aussi que ces mêmes savants inventeront d'autres engins plus meurtriers et plus coûteux encore, car en accroissant les dépenses et les ravages de la guerre, ne finiront-ils pas par en abréger la durée et en modérer la fréquence?

N'est-il pas logique de supposer qu'il viendra un moment où, grâce à ses patients efforts, la science, plus heureuse dans cette entreprise que la religion et la philosophie, obtiendra forcément ce que les exhortations de l'une et les conseils de l'autre n'ont pu conquérir : une paix absolue, et par suite le développement complet, rapide, du patrimoine que Dieu nous a concédé?

FIN.

TABLE DES MATIÈRES.

I

LE DOMAINE DES EAUX BLEUES.

II

LA SCIENCE.

III

L'ÉCRIN DE L'OCÉAN.

IV

L'AGRICULTURE MARITIME.

V

LA GUERRE SOUS L'EAU.

BIBLIOTHÈQUE NATIONALE R.F. IMPRIMÉS

3337 — Paris. Imp. Lahure fils et Guillot, 7, rue des Canettes.

COLLECTION COMPLÈTE

DES TRENTE PREMIERS VOLUMES DU

MAGASIN D'ÉDUCATION ET DE RÉCRÉATION

PUBLIÉ SOUS LA DIRECTION DE

MM. JEAN MACÉ — P.-J. STAHL — JULES VERNE

Prix : 200 francs

Payables en 8 termes de 25 francs à répartir en deux ans

Les trente premiers volumes illustrés parus du *Magasin d'Éducation et de Récréation* constituent à eux seuls toute une bibliothèque de l'enfance et de la jeunesse. L'examen du catalogue général du *Magasin*, que nous tenons toujours à la disposition des parents, leur montrera que les œuvres principales, et pour ainsi dire complètes, de Jules Verne, de P.-J. Stahl, de Jules Sandeau, de E. Legouvé, d'Egger, de J. Macé, de L. Biart et de bien d'autres; que les plus heureuses séries de dessins de Frœlich, Froment et d'un grand nombre d'artistes éminents, écrites ou dessinées avec un soin scrupuleux, à l'usage spécial de la jeunesse et de la famille, sont contenues dans les trente volumes déjà parus.

Cette collection grand in-8° représente par le fait la matière de plus de cent volumes in-18 ordinaires. Elle est en outre illustrée de près de quatre mille dessins, créés expressément pour le *Magasin d'Éducation*.

Le *Magasin d'Éducation* s'est tenu avec soin en dehors de ce qu'on appelle l'actualité, dont l'intérêt passe et vieillit, pour ne laisser entre les mains de ses lecteurs que des œuvres d'un intérêt durable et permanent. Les premiers volumes, à ce titre, présentent donc un intérêt égal aux derniers, et offrir aux enfants les premières années, s'ils ne les connaissent pas, leur assure des lectures aussi agréables que si on leur donnait les dernières.

*LES TOMES I à XXX

RENFERMENT COMME ŒUVRES PRINCIPALES

Les Aventures du Capitaine Hatteras, Les Enfants du Capitaine Grant, Vingt mille lieues sous les mers, Aventures de trois Russes et de trois Anglais, Le pays des Fourrures, L'Ile mystérieuse, Michel Strogoff, Hector Sarvadac, Les Cinq cents millions de la Bégum, de Jules VERNE. — La Morale familière, Les Contes Anglais, La Famille Chester, L'Histoire d'un Ane et de deux jeunes Filles, Une Affaire difficile à arranger, Maroussia, Un pot de crème pour deux, de P.-J. STAHL. — La Roche aux Mouettes, de Jules SANDEAU. — Le Nouveau Robinson Suisse, de STAHL et MULLER. — Romain Kalbris, d'Hector MALOT. — Histoire d'une Maison, de VIOLLET-LE-DUC. — Les Serviteurs de l'Estomac, Le Géant d'Alsace, Le Gulf-Stream, etc., de Jean MACÉ. — Le Denier de la France, La Chasse, Le Travail et la Douleur, A Madame la Reine, La Fée Béquillette, Un premier Symptôme, Sur la Politesse, Lettre à Mlle Lili, etc., de E. LEGOUVÉ. — Le Livre d'un père, de Victor DE LAPRADE. — La Jeunesse des Hommes célèbres, de MULLER. — Aventures d'un jeune Naturaliste, Entre Frères et Sœurs, Voyages et Aventures de deux enfants dans un parc, Les Voyages involontaires, de Lucien BIART. — Causeries d'Economie pratique, de Maurice BLOCK. — La Justice des choses, de Lucie B***. — Les Aventures d'un Grillon, La Gileppe, par le docteur CANDÈZE. — Vieux souvenirs, Départ pour la Campagne, Bébé aime le rouge, etc., de Gustave DROZ. — Le Pacha berger, par E. LABOULAYE. — La Musique au foyer, par LACOME. — Histoire d'un Aquarium, Les Clients d'un vieux Poirier, de E. VAN BRUYSSEL. — Le Chalet des Sapins, de Prosper CHAZEL. — L'Odyssée de Pataud et de son chien Fricot, de P.-J. STAHL et CHAM. — Le petit Roi, de S. BLANDY. — L'Ami Kips, de G. ASTON. — La Grammaire de Mlle Lili, de Jean MACÉ. — Histoire de mon oncle et de ma tante, par A. DEQUET. — L'Embranchement de Mugby, Histoire de Bebelle, Une lettre inédite, Septante fois sept, de Ch. DICKENS, etc., etc. — C'est-à-dire une Bibliothèque complète de l'Enfance et de la Jeunesse.

Les petites Sœurs et petites Mamans, Les Tragédies enfantines, Les Scènes familières et autres séries de dessins, par FRŒLICH, FROMENT, DETAILLE; textes de STAHL.

*TOMES XXXI-XXXII

La Maison à vapeur, par JULES VERNE. — Les Quatre filles du docteur Marsch, par P.-J. STAHL. — Leçons de Lecture, par E. LEGOUVÉ. — Riquette, par P. CHAZEL. — Contes et nouvelles, par C. LEMONNIER, LERMANT, BENTZON, DUPIN DE SAINT-ANDRÉ, NICOLE, BÉNÉDICT, etc.

Prix — Étrennes — Bibliothèques populaires — etc.

BIBLIOTHÈQUE IN-18

3 Fr. Broché — **4 Fr.** Cartonné

D'ÉDUCATION & DE RÉCRÉATION

VOLUMES IN-18

Brochés, **3 fr.** — *Cartonnés toile, tranches dorées,* **4 fr.**

Ampère (A.-M.)	*Journal et correspondance	1 v.
Andersen	Nouveaux Contes suédois	1 v.
Bertrand (J.)	*Les Fondateurs de l'astronomie	1 v.
Biart (Lucien)	**Avent. d'un jeune naturaliste	1 v.
—	**Entre frères et sœurs	1 v.
Blandy (S.)	**Le petit Roi	1 v.
Boissonnas (Mme B.)	*Une famille pendant la guerre 1870-71 (*ouv. cour.*)	1 v.
Brachet (A.)	**Grammaire historique (préface de Littré) (*ouv. cour.*)	1 v.
Bréhat (de)	**Aventures d'un petit Parisien	1 v.
Candèze (Dr)	Aventures d'un Grillon	1 v.
Carlen (Emilie)	Un brillant Mariage	1 v.
Chazel (Prosper)	Le Chalet des Sapins	1 v.
Cherville (de)	*Histoire d'un trop bon Chien	1 v.
Clément (Ch.)	**Michel-Ange, Raphaël, etc.	1 v.
Desnoyers (Louis)	Jean-Paul Choppart	1 v.
Durand (Hip.)	Les grands Prosateurs	1 v.
—	Les grands Poètes	1 v.
Egger	†Histoire du Livre	1 v.
Erckmann-Chatrian	*Le Fou Yégof ou l'Invasion	1 v.
—	*Madame Thérèse	1 v.
—	***Histoire d'un Paysan** (compl.)	4 v.
Fath (G.)	Un drôle de Voyage	1 v.
Foucou	Histoire du travail	1 v.
Génin	La Famille Martin	1 v.
Gramont (Comte de)	Les Vers français et leur prosodie	1 v.
Gratiolet (P.)	*De la physionomie	1 v.
Grimard	Histoire d'une goutte de sève	1 v.
—	Le Jardin d'acclimatation	1 v.
Hippeau (Mme)	*Cours d'économie domestique	1 v.
Hugo (Victor)	*Les Enfants (le Livre des Mères)	1 v.
Immermann	La Blonde Lisbeth	1 v.
Laprade (V. de)	*Le Livre d'un père	1 v.

LAVALLÉE (Th.).	Histoire de la Turquie.	2 v.
LEGOUVÉ (E.).	*Les Pères et les Enfants au XIXe siècle (ENFANCE ET ADOLESCENCE)	1 v.
—	*Les Pères et les Enfants au XIXe siècle (LA JEUNESSE). .	1 v.
—	*Conférences parisiennes	1 v.
—	*Nos Filles et nos Fils	1 v.
—	*L'Art de la Lecture.	1 v.
LOCKROY (Mme).	*Contes à mes Nièces	1 v.
MACAULAY.	*Histoire et Critique.	1 v.
MACÉ (Jean)	*Histoire d'une Bouchée de pain.	1 v.
—	*Les Serviteurs de l'estomac.	1 v.
—	**Contes du Petit Château. . . .	1 v.
—	*Arithmétique du Grand-Papa.	1 v.
MAURY (commandant).	*Géographie physique.	1 v.
—	*Le Monde où nous vivons . .	1 v.
MULLER (Eugène). . . .	**Jeunesse des Hommes célèbres	1 v.
—	**Morale en action par l'histoire	1 v.
ORDINAIRE.	Dictionnaire de mythologie. . .	1 v.
—	Rhétorique nouvelle.	1 v.
RATISBONNE (Louis) . .	**Comédie enfantine (*ouv. cour.*)	1 v.
RECLUS (Elisée)	*Histoire d'un Ruisseau.	1 v.
RENARD.	**Le Fond de la Mer	1 v.
ROULIN (F.).	*Histoire naturelle.	1 v.
SANDEAU (Jules).	**La Roche aux Mouettes	1 v.
SAYOUS.	*Conseils à une mère sur l'éducation littéraire	1 v.
—	*Principes de littérature.	1 v.
SIMONIN.	*Histoire de la Terre	1 v.
STAHL (P.-J.).	*Contes et récits de Morale familière (*ouvr. couronné*). .	1 v.
—	**Histoire d'un Ane et de deux jeunes Filles (*ouvr. cour.*).	1 v.
—	La famille Chester, adaptation	1 v.
—	*Les Patins d'argent (*ouv. cour.*) d'après Mapes Dodge.	1 v.
—	**Mon 1er Voyage en mer, d'après une traduction de Thoulet.	1 v.
—	*Les Histoires de mon parrain.	1 v.
—	**Maroussia (*ouv. cour.*), d'après Marko Wowzog	1 v.
STAHL et DE WAILLY.	**Scènes de la vie des enfants en Amérique.**	
—	*Les Vacances de Riquet et Madeleine.	1 v.
—	Mary Bell, William et Lafaine.	1 v.
STAHL ET MULLER. . .	*Le nouveau Robinson suisse.	1 v.
SUSANE (général). . . .	Histoire de la Cavalerie	3 v.
THIERS.	*Histoire de Law.	1 v.

VALLERY RADOT (René) * Journal d'un Volontaire d'un an (*ouvr. couronné*) . . . . . 1 v.
VERNE (Jules) **Aventures du capitaine Hatteras :**
— ** Les Anglais au pôle Nord . . . . 1 v.
— ** Le Désert de Glace . . . . 1 v.
Les Enfants du capitaine Grant :
— ** L'Amérique du Sud . . . . 1 v.
— ** L'Australie . . . . 1 v.
— ** L'Océan Pacifique . . . . 1 v.
— ** Aventures de 3 Russes et de 3 Anglais 1 v.
— ** Cinq semaines en ballon (*ouvr. cour.*). 1 v.
— * De la Terre à la Lune (*ouvr. cour.*). . 1 v.
— * Autour de la Lune (*ouvr. cour.*). . . . 1 v.
— ** Découverte de la Terre . . . . 2 v.
— * Le Pays des Fourrures . . . . 2 v.
— * Le Tour du Monde en 80 jours . . . . . 1 v.
— * Vingt mille lieues sous les Mers (*ouvr. cour.*) . . . . 2 v.
— * Voyage au centre de la Terre (*ouvr. cour.*) . . . . 1 v.
— ** Une Ville flottante . . . . 1 v.
— * Le docteur Ox . . . . 1 v.
— * Le Chancellor . . . . 1 v.
— **L'Ile Mystérieuse :**
— * Les Naufragés de l'air . . . . 1 v.
— * L'Abandonné . . . . 1 v.
— * Le Secret de l'île . . . . 1 v.
— * Michel Strogoff . . . . 2 v.
— * Les Indes Noires . . . . 1 v.
— Hector Servadac . . . . 2 v.
— ** Un Capitaine de 15 ans . . . . 2 v.
— Les Cinq Cents Millions de la Bégum . . 1 v.
— Les Tribulations d'un Chinois en Chine. 1 v.
— † La Maison à vapeur . . . . 2 v.
— ** Les grands Navigateurs du XVIIIe siècle 2 v.
— † Les Voyageurs du XIXe siècle . . . . . . 2 v.
ZURCHER ET MARGOLLÉ * Les Tempêtes . . . . 1 v.
— ** Histoire de la Navigation . . 1 v.
— ** Le Monde sous-marin . . . 1 v.

SÉRIE DES VOLUMES IN-18, AVEC OU SANS GRAVURES

BROCHÉS, 3 fr. 50, — CARTONNÉS, TR. DORÉES, 4 fr. 50

(Suite de la Collection *Éducation et Récréation.*)

ANQUEZ . . . . ** Histoire de France . . . . . 1 v.
AUDOYNAUD . . . . Entretiens familiers sur la Cosmographie . . . . 1 v.
BERTRAND (Alex.) . . . **Lettres sur les révol. du globe 1 v.
BOISSONNAS (B.) . . . . * Un Vaincu . . . . 1 v.

FARADAY (M.)........	* Histoire d'une Chandelle..	1 v.
FRANKLIN (J.)........	Vie des Animaux........	6 v.
HIRTZ (Mlle)........	Méthode de coupe et de confection pour les vêtements de femmes et d'enfants. 154 gr...	1 v.
LAVALLÉE (Th.).....	Les Frontières de la France (*Ouvrage couronné*).....	1 v.
MAYNE-REID........	*William le Mousse.......	1 v.
—	Les Jeunes Esclaves.......	1 v.
—	**Le Désert d'eau.........	1 v.
—	*Les Chasseurs de Girafes ...	1 v.
—	*Les Naufragés de l'Ile de Bornéo	1 v.
—	La Sœur perdue.........	1 v.
—	**Les Planteurs de la Jamaïque.	1 v.
—	*Les deux Filles du Squatter..	1 v.
—	Les Jeunes voyageurs.	1 v.
—	**Les Robinsons de Terre ferme.	1 v.
—	Les Chasseurs de Chevelures.	1 v.
MICKIEWICS (Adam)..	Histoire de la Pologne	1 v.
MORTIMER D'OCAGNE.	*Les grandes Écoles civiles et militaires de France. — Historique. — Programmes d'admission. — Régime intérieur. — Sortie, carrière ouverte................	1 v.
NODIER (Ch.)......	Contes choisis..........	2 v.
PARVILLE (de)......	Un Habitant de la planète Mars.	1 v.
SILVA (de)..........	Le Livre de Maurice......	1 v.
SUSANE (général)	Histoire de l'Artillerie.....	1 v.
TYNDALL..........	**Dans les Montagnes......	1 v.
WENTWORTH-HIGGINSON	Histoire des États-Unis ...	1 v.

SÉRIE IN-18. — PRIX DIVERS

(Suite de la Collection *Éducation et Récréation.*)

A. BRACHET........	*Dictionnaire étymologique de la langue franç. (*ouv. cour.*).	8 fr.
CHENNEVIÈRES (de)...	Aventures du petit roi saint Louis devant Bellesme.....	5 fr.
CLAVÉ (J.).........	Principes d'économie politique	2 fr.
DUBAIL...........	*Géogr. de l'Alsace-Lorraine.	1 fr.
GRIMARD (Ed.).......	*La Botanique à la campagne.	5 fr.
LEGOUVÉ (E.).......	*Petit Traité de la lecture...	1 fr.
MACÉ (Jean)........	*Théâtre du Petit Château...	2 fr.
—	*Arithmétique du Grand-Papa (édit. pop.)..........	1 fr.
SOUVIRON	Dict. des termes techniques ..	6 fr.

www.ingramcontent.com/pod-product-compliance
Ingram Content Group UK Ltd.
Pitfield, Milton Keynes, MK11 3LW, UK
UKHW020129220726
13923UKWH00001B/67